AF453775

NOTIONS

de

GÉOMÉTRIE

DÉPOT LÉGAL.
PUY-DE-DÔME.
No 114
1864

On appelle <u>Mathématiques</u> les sciences qui s'occupent des grandeurs.

On entend par <u>grandeur</u> ou <u>quantité</u> tout ce qui est susceptible d'être augmenté ou diminué.

On évalue les grandeurs en les comparant à une grandeur de leur espèce, choisie à cette fin sous le nom d'<u>unité</u>.

On appelle <u>nombre</u> l'expression qui indique ce qu'est une grandeur eu égard à son unité.

On représente les nombres par des <u>chiffres</u>, ou par des <u>lettres</u>, ou par des <u>figures</u>; d'où trois sciences mathématiques : l'<u>Arithmétique</u>, l'<u>Algèbre</u> et la <u>Géométrie</u>.

L'<u>Arithmétique</u> est la science des grandeurs représentées par des <u>chiffres</u>.

L'<u>Algèbre</u> est la science des grandeurs représentées par des <u>lettres</u>.

La <u>Géométrie</u> est la science des grandeurs représentées par des <u>figures</u>.

Lorsque la Géométrie étudie des grandeurs ayant une étendue, une forme, elle représente ordinairement ces grandeurs en les dessinant sous leur forme propre; et c'est pourquoi la Géométrie est ordinairement définie la science de l'étendue.

NOTIONS

DE GÉOMÉTRIE

ET DE

Trigonométrie,

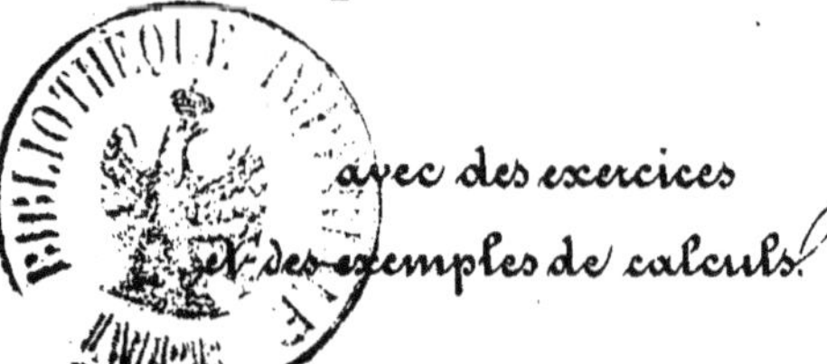

avec des exercices
et des exemples de calculs.

Par **F. R. A.**

PRIX 2^f 25

Clermont-Ferrand

1864

Lith. Mont-Louis

On nomme _axiome_ une vérité évidente par elle-même.

Tels sont les principes ci-après :

1° Deux grandeurs égales chacune à une troisième sont égales entre elles.

2° Deux grandeurs étant égales, si l'on fait sur l'une et sur l'autre la même opération, les résultats sont égaux.

On appelle _théorème_ une vérité qui a besoin d'une démonstration.

— _Problème_, une question qui exige une solution.

— _Lemme_, un théorème préparatoire à un problème ou à un autre théorème.

Hypothèse signifie supposition ;
Corollaire, ... conséquence ;
Scolie, ... remarque.

Dans un raisonnement de Géométrie, on distingue, comme dans un discours logique, trois parties distinctes :

1° La _proposition_, qui énonce la vérité qu'on veut établir ;

2° La _démonstration_ ou _confirmation_, qui prouve cette vérité ;

3° La _conclusion_ ou _péroraison_, qui répète la vérité comme acquise à la science.

Dans la proposition, on distinguera l'_énoncé général_, le _choix d'un exemple_, et l'_application de la proposition à cet exemple_.

Au début de la démonstration, on fera attention aux _constructions auxiliaires_, s'il y en a. On remarquera que le discours entier doit être disposé de telle sorte, que l'auditeur ou le lecteur puisse dire oui à toutes les idées mises en avant, et presque à chaque mot.

Enfin, les derniers mots de la démonstration se confondent avec la _conclusion appliquée à l'exemple_, d'où l'on tire, par induction, la _conclusion générale_.

Ces indications aideront à rétablir partout le raisonnement complet, dont nous ne donnons souvent que la partie essentielle, spéciale à la question.

Proposition   _Conclusion_
          Démonstration

NOTIONS

DE GÉOMÉTRIE.

LIVRE I

PRINCIPES GÉNÉRAUX

1. La Géométrie est la science de l'étendue.

Considérée sous un point de vue plus général, la Géométrie est la science des grandeurs représentées par des figures.

L'étendue d'un corps est la partie de l'espace occupée par ce corps.

Dans l'étendue d'un corps, on considère ordinairement trois dimensions : la longueur, la largeur et l'épaisseur.

2. On appelle volume une étendue considérée sous les trois dimensions ; surface une étendue considérée sous deux dimensions seulement ; et ligne une dimension considérée isolément.

Autre point de vue. On appelle point une étendue infiniment petite sous toutes les dimensions ; ligne la trace ou trajectoire d'un point en mouvement ; surface la trace d'une ligne en mouvement ; et volume l'espace déterminé par une surface en mouvement.

3. On appelle ligne droite la ligne que figure un fil tendu.

Axiomes. La ligne droite est le chemin le plus court entre deux points. D'un point à un autre, on ne peut mener qu'une seule ligne droite.

4. On appelle plan ou surface plane une surface sur laquelle

une ligne droite peut être tracée en tous sens. Tels sont : le dessus d'une table unie, le tableau noir en usage dans les classes, la surface des eaux tranquilles, etc.

On nomme *figure plane* toute figure qui tient en entier sur un plan.

On distingue la Géométrie plane ou à deux dimensions, et la Géométrie dans l'espace ou à trois dimensions. La première étudie les figures planes, et la deuxième les figures non planes, telles qu'une boule, une boîte, un tuyau, etc. (Dans les cinq premiers livres de cet ouvrage, il ne sera question que de figures planes.)

5. On appelle *ligne brisée* une ligne formée de plusieurs parties droites, de diverses directions :

— *Ligne courbe* une ligne qui n'est ni droite ni composée de lignes droites :

— *Ligne convexe* une ligne qui ne peut être traversée en plus de deux points par une ligne droite :

6. On appelle *angle* l'ouverture plus ou moins grande de deux lignes droites qui se coupent. Ces deux lignes sont les *côtés* de l'angle, et leur point de réunion en est le *sommet*.

L'angle est engendré par deux droites couchées d'abord l'une sur l'autre, et s'ouvrant ensuite de manière à conserver un point commun, comme cela a lieu par exemple dans le mouvement d'un compas, d'une paire de ciseaux, etc.

7. On appelle *angles adjacents* deux angles qui ont même sommet, et un côté commun :

On appelle *angles opposés par le sommet* ceux qui sont formés par deux droites croisées, et qui ont leurs ouvertures opposées :

8. *Axiôme.* Si une première droite AB tourne autour d'un point fixe A pris sur une seconde droite CD, la somme des deux angles adjacents m et n ainsi formés est constante, c'est-à-dire toujours

la même. Car ce qu'on retranche de l'un des deux angles s'ajoute à l'autre.

Dans le mouvement de la droite AB, il arrive un moment où les deux angles m et n sont égaux; on les nomme alors angles droits, et les deux lignes sont dites perpendiculaires l'une à l'autre. Ainsi.

9. On appelle angles droits les deux angles égaux qu'on peut former par une première droite tombant sur une seconde.

Il est évident que tous les angles droits qu'on peut construire sont égaux entre eux. (Il serait facile de le prouver par superposition.) L'angle droit est la grande unité de mesure des angles; mais l'unité usuelle est le degré, qui est la 90e partie de l'angle droit.

10. On appelle perpendiculaire une droite qui tombe sur une autre de manière à former de part et d'autre des angles égaux.

Une oblique est une droite qui tombe sur une autre en faisant des angles inégaux.

$$\boxed{\text{Théorème I.}}$$

11. Par un point donné, on ne peut mener qu'une seule perpendiculaire à une droite donnée.

1° Considérons d'abord le cas où le point est donné sur la droite CD, en A.

Lorsque la droite mobile AB forme sur CD des angles égaux, elle ne peut être écartée de sa position sans que les angles deviennent inégaux; donc par le point A il n'y a qu'une seule perpendiculaire possible à la ligne CD.

2° Soit le cas où le point donné est hors la droite, en K par exemple. Je dis que si une première droite AB passant par ce point est perpendiculaire à CD, toute autre droite EF passant par le même point K ne peut être qu'une oblique.

Pour le prouver, considérons deux figures indépendantes, l'une formée par les deux lignes CD et AB, et l'autre par les deux lignes CD et EF. Imaginons que cette deuxième figure glisse le long de la droite CD, jusqu'à ce que le point E soit venu en A ; alors la droite EF passera dans la position E'F'. Dans ce transport, la position relative des deux lignes de la figure mobile n'a pas changé. Or AB étant perpendiculaire à la ligne inférieure, E'F' n'est qu'une oblique. Donc EF n'est de même qu'une oblique par rapport à CD.

Donc par un point donné, on ne peut mener qu'une seule perpendiculaire à une droite donnée.

12. *Scolie.* Autour d'un point d'une droite, et d'un même côté de cette droite, il y a place pour deux angles droits.

Autour d'un point sur un plan, il y a place pour quatre angles droits.

Toute droite qui tombe sur une autre forme avec elle deux angles adjacents dont la somme est égale à deux angles droits. Ces deux angles sont dits supplémentaires.

13. On appelle angle aigu tout angle plus petit qu'un angle droit, et angle obtus tout angle plus grand qu'un angle droit.

Toute droite qui tombe obliquement sur une autre forme avec elle un angle aigu et un angle obtus.

14. On appelle complément d'un angle ce qui lui manque pour être égal à un angle droit ; et supplément d'un angle ce qui manque à cet angle pour faire deux droits ou 180 degrés.

Exercices. Trouver le supplément et le complément d'un angle donné a.

Calculer le complément et le supplément d'un angle de 27 degrés.

Axiomes. Deux angles qui ont même complément ou même supplément sont égaux.

Réciproquement, deux angles égaux ont même complément et même supplément.

Théorème II.

15. Deux angles opposés par le sommet sont égaux.

Soient a et c deux angles opposés par le sommet ; je dis qu'ils sont égaux.

En effet, l'angle a a pour supplément m ; c a aussi pour supplément m. Or (14) deux angles qui ont même supplément sont égaux ; donc $a = c$. Donc deux angles opposés par le sommet sont égaux.

Théorème III.

16. Si deux angles adjacents valent ensemble deux angles droits, leurs côtés extérieurs sont en ligne droite.

Soit donné $m + n = 2$ Droits ; il en résulte que n est le supplément de m. Or, si nous prolongions la ligne BA, nous obtiendrions un angle DAK, qui serait aussi le supplément de m. Mais un même angle ne peut pas avoir deux suppléments différents. Donc AC se confond nécessairement avec le prolongement de BA. Et c'est ce qu'il fallait démontrer. Donc si deux angles adjacents ......

17. On appelle **bissectrice** d'un angle une droite qui divise cet angle en deux parties égales.

Exercice. Démontrer que si deux angles adjacents valent ensemble deux angles droits, leurs bissectrices sont perpendiculaires entre elles.

18. On appelle **triangle** une figure terminée par trois lignes droites.

Dans un triangle il y a **trois côtés** et **trois angles**.

On nomme **triangle isocèle** celui qui a deux côtés égaux ; et **triangle équilatéral** celui qui a ses trois côtés égaux.

Dans un triangle isocèle, on nomme spécialement **sommet** le point de rencontre des deux côtés égaux, et **base** le côté opposé à ce sommet.

Théorème IV.

19. Chaque côté d'un triangle quelconque est plus petit que la somme des deux autres côtés, et plus grand que leur différence.

(On voit facilement que la première partie du théorème n'a besoin d'être démontrée que pour le plus grand côté, et la seconde partie seulement pour les deux autres.)

CB est un chemin droit pour aller de C en B, et CAB est un chemin brisé ; donc on a (3) :

CB plus petit que CAB, ou simplement $a < b + c$, ce qui démontre la première partie du théorème.

En retranchant b des deux membres de cette inégalité, il vient $\quad a - b < c$.

Si c'est c qu'on retranche au lieu de b, il vient $\quad a - c < b$.

Ainsi, chacun des côtés est plus grand que la différence des deux autres, ce qui est la deuxième partie du théorème.

Théorème V.

20. Toute ligne convexe enveloppée est plus petite que la ligne enveloppante.

Soit la ligne convexe abc, enveloppée par $defgh$. Je dis qu'on a :
$$abc < defgh.$$

Pour le prouver, je mène les prolongements m et n, et je dis :
$$\begin{cases} a + m < d + e \\ b + n < m + f + g \\ c < n + h \end{cases}$$

J'additionne membre à membre ces inégalités, et je retranche à droite et à gauche les termes communs m et n ; j'obtiens ainsi :
$$a + b + c < d + e + f + h$$

Et c'est précisément Ce Qu'il fallait Démontrer.

Donc toute ligne convexe enveloppée est plus petite que la ligne enveloppante.

21. Deux figures sont égales quand elles peuvent coïncider par superposition, c'est-à-dire se couvrir exactement l'une l'autre.

Théorème VI.

22. Deux triangles sont égaux: 1° quand ils ont un angle égal compris entre des côtés respectivement égaux;

2° Quand ils ont un côté égal adjacent à des angles respectivement égaux.

1° Essayons de poser le triangle $B'A'C'$ sur BAC, en plaçant l'angle A' sur son égal A; les côtés b' et c' s'étendront sur leurs égaux b et c, qu'ils couvriront exactement; donc le troisième côté $B'C'$ joindra les deux points B et C; et la coïncidence sera parfaite. Donc les deux triangles sont égaux....

2°.... Essayons encore ici de poser le triangle $A'B'C'$ sur ABC, en plaçant d'abord le côté $B'C'$ sur son égal BC. À cause des angles égaux B et B', le côté $B'A'$ prendra la direction BA; et de même, à cause des angles égaux C et C', le côté $C'A'$ prendra la direction CA; donc le point A' sera nécessairement en A, et la coïncidence sera parfaite. Donc les deux triangles sont égaux....

Théorème VII.

23. Si deux triangles ont deux côtés respectivement égaux, et l'angle compris inégal, le troisième côté sera aussi inégal, et réciproquement. (La démonstration s'applique aux trois figures.)

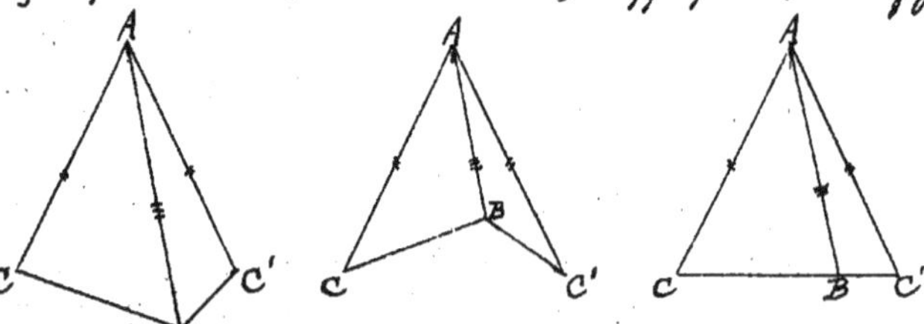

Soient les deux triangles ABC et ABC', ayant le côté AB commun, $AC = AC'$, et leurs angles en A inégaux. Je dis

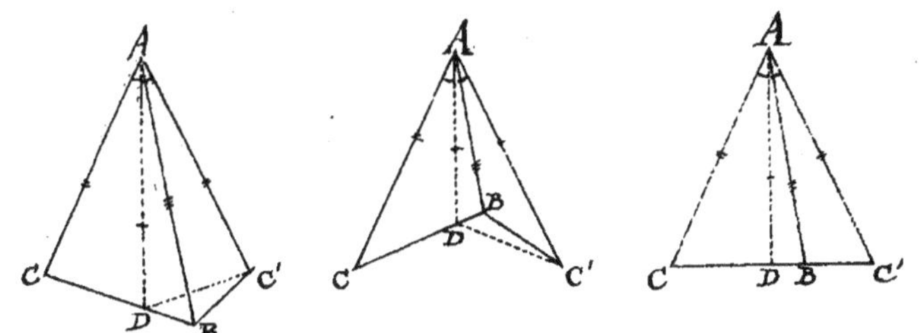

que les côtés BC et BC' sont aussi inégaux; et comme l'angle BAC est plus grand que BAC', je dis qu'on aura le côté BC plus grand que BC'.

Pour le prouver, je divise l'angle total CAC' en deux parties égales; la bissectrice AD tombe évidemment dans le plus grand angle CAB, et vient par conséquent rencontrer CB en un certain point D, que je joins à C'.

Les deux triangles ADC et ADC' ont en A un angle égal compris entre des côtés respectivement égaux; donc ils sont égaux; donc $DC = DC'$.

D'autre part on a $BC' < BD + DC'$
$$\text{ou } DC$$

Ou simplement $BC' < BC$ ...... Ce Qu'il fallait D.

Réciproque. Soit donné $b = b'$, $c = c'$, et $a < a'$. Je dis que l'angle A sera aussi plus petit que A'.

Pour le prouver, j'essaie de supposer A égal à A'; et alors les deux triangles auraient un angle égal compris entre des côtés respectivement égaux, et ils seraient égaux dans toutes leurs parties (22), ce qui est contraire aux conditions données. Cette hypothèse est donc inadmissible.

Essayons maintenant de supposer l'angle A plus grand que A'; alors, en vertu du théorème direct qui vient d'être démontré, il faudrait que le côté a fût aussi plus grand que a', ce qui est juste l'inverse des conditions données. Donc cette deuxième hypothèse est aussi inadmissible.

Donc on aura nécessairement:
$$A < A'$$
Ce Qu'il f.D.

Scolie. Le procédé de démonstration que nous venons d'employer s'applique à presque toutes les <u>réciproques</u>, et se nomme <u>réduction à l'absurde</u>. Il consiste à prouver que la chose ne saurait être autrement que ne l'annonce le théorème.

Théorème VIII

24. Deux triangles qui ont les trois côtés respectivement égaux sont égaux.

Pour le prouver, j'examine si les deux angles A et A' pourraient être inégaux. Or, pour qu'il en fût ainsi, il faudrait (23) qu'il y eût aussi inégalité entre les côtés BC et $B'C'$, ce qui est contraire aux données. Donc $A = A'$; et dès lors les deux triangles ont un angle égal compris entre des côtés respectivement égaux; donc ils sont égaux. — C.Q.F.D.

Scolie. Dans les triangles égaux, aux côtés égaux sont opposés les angles égaux; et réciproquement.

Dans un triangle, on appelle <u>médiane</u> une droite qui joint un sommet au milieu du côté opposé; — <u>hauteur</u> une perpendiculaire abaissée d'un sommet sur le côté opposé.

Dans un triangle, il y a <u>trois médianes</u> et <u>trois hauteurs</u>. Il y a aussi <u>trois bissectrices</u>, une pour chaque angle.

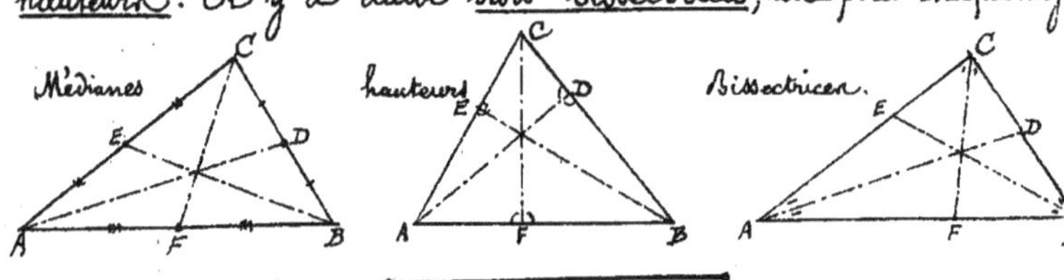

Théorème IX.

25. Si deux côtés d'un triangle sont égaux, les angles opposés à ces côtés sont aussi égaux, et réciproquement.

1° Soit donné $AB = AC$. Menons la médiane AM. Les deux triangles AMB et AMC ont les trois côtés respectivement égaux; donc (24) ils sont égaux; donc l'angle B de l'un égale C de l'autre. — C.Q.F.D.

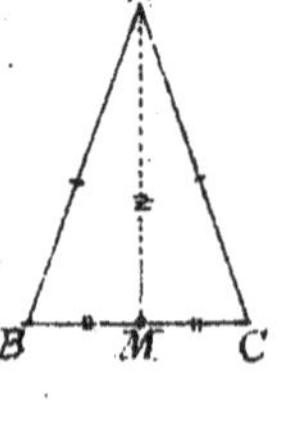

2°. Soit donné $B = C$. Je dis qu'on aura aussi $AB = AC$.

Pour le prouver, supposons le triangle BAC renversé sur la droite, et soit $B'A'C'$ son empreinte.

Tels qu'ils sont disposés, ces deux triangles se présentent avec un côté égal adjacent à des angles égaux ; donc ils pourraient coïncider, C' sur B, — B' sur C..... Donc $AB = A'C' = AC$.   C.q.f.p.

Corollaire. Si les trois côtés d'un triangle sont égaux, les trois angles le sont aussi, et réciproquement.

26. Scolie. L'égalité des deux triangles AMB et AMC entraîne l'égalité des angles en A, ainsi que celle des angles en M ; d'où il suit — que ces deux derniers sont droits.

Ainsi la même droite AM remplit quatre conditions :
1°. Elle passe par le sommet,
2°. Elle passe au milieu de la base,
3°. Elle est perpendiculaire à cette base,
4°. Elle est bissectrice de l'angle de sommet.

Deux quelconques de ces conditions suffisent pour la déterminer, et permettent de lui attribuer les deux autres conditions. Cette réflexion fournit quatre énoncés, qu'on lira facilement sur l'exposé que voici :

1. Sommet
2. Milieu de la base
3. Perp. à la base
4. Bissectrice au sommet.

Exercices. Démontrer les théorèmes ci-après :
1°. Dans un triangle, si une droite est à la fois médiane et hauteur, le triangle est isocèle.
2°. Dans un triangle, si une droite est à la fois bissectrice et hauteur, le triangle est isocèle.

Théorème X

27. Dans un triangle quelconque, à un plus grand angle se trouve opposé un plus grand côté, et réciproquement.

1º Soit donné $B > C$. Je dis qu'on aura aussi $AC > AB$.

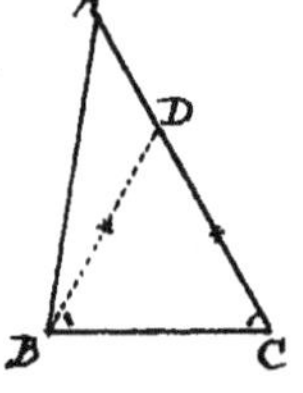

Pour le prouver, je fais en B un angle égal à C; j'obtiens ainsi un triangle isocèle BDC, de sorte qu'on a $DB = DC$. D'autre part on a . . . . $c < m + n$
ou . . . . $AB < AC$.   C.Q.F.D.

2º Soit donné $AB < AC$. Je dis qu'on aura aussi $C < B$. En effet, C est nécessairement ou plus petit que B, ou égal à B, ou plus grand que B. Or pour qu'on eût $C = B$, il faudrait (25) qu'on eût aussi $AB = AC$, ce qui est contre les données; et pour qu'on eût $C > B$, il faudrait (27, 1º) qu'on eût aussi $AB > AC$, ce qui est tout le contraire des données. Donc on a bien $C < B$, comme il fallait le démontrer.

Théorème XI.

28. Si une première droite indéfinie est perpendiculaire au milieu d'une seconde, tout point pris sur la première droite est également distant des deux extrémités de la seconde.

Réciproquement, tout point également distant des deux extrémités d'une droite appartient à la perpendiculaire élevée au milieu de cette droite.

1º . . . . . . Les deux triangles MHA et MHB ont un angle égal compris entre des côtés respectivement égaux; donc ils sont égaux; donc $MA = MB$.   C.Q.F.D.

2º Soit N un point tel que l'on ait $NA = NB$. Joignons ce point N au point H, milieu de AB. Les deux triangles NHA et NHB ont les trois côtés respectivement égaux; donc ils sont égaux; donc leurs angles en H sont égaux, et par suite droits. Donc le point N appartient à une droite NH qui est perpendiculaire au milieu de AB.   C.Q.F.D.

28 bis. On appelle lieu géométrique une ligne ou une surface dont tous les points jouissent d'une même propriété, à l'exclusion de tout autre point.

La perpendiculaire élevée au milieu d'une droite est le lieu géométrique des points équidistants des deux extrémités de cette droite.

Exercice. En admettant que les perpendiculaires élevées sur les milieux des côtés d'un triangle se rencontrent, démontrer que ces trois perpendiculaires concourent en un même point.

Théorème XII.

29. Le chemin minimum (c'est-à-dire le plus petit) pour aller d'un point à un autre en allant toucher une droite donnée, est la ligne brisée dont les deux parties font des angles égaux sur la droite donnée.

Soient A et B les deux points donnés, et MN la droite donnée.

Menons AA' perp. à MN, et de manière que $GA' = GA$; joignons $A'B$, et menons AC. Je dis que ACB sera le chemin cherché.

Et d'abord, les deux triangles CGA et CGA' sont égaux...... donc $m = n = r$. Ainsi le chemin ACB fait des angles égaux sur MN, première condition.

Il est facile de voir et de prouver que tout autre chemin AKB fait avec MN des angles inégaux......

Étudions maintenant la longueur de ces deux chemins. Par suite des constructions, MN est perp. au milieu de AA'; donc (28) $CA = CA'$, $KA = KA'$. D'où il suit que le chemin ACB équivaut en longueur à la ligne droite $A'CB$, et le chemin AKB à la ligne brisée $A'KB$. Donc ACB est plus court que tout autre chemin AKB. C'est donc bien le chemin minimum.   Ce Qu'il fallait Démontrer.

30. Ces deux conditions, des angles égaux et du chemin minimum, sont inséparables. Cette double condition est toujours remplie (sauf certaines causes étrangères) par la trajectoire d'une

bille frappant une bande unie, comme au jeu de billard, et à certains jeux de billes des enfants. Il en est de même si au lieu d'une bille on considère un rayon sonore, lumineux ou calorifique. Ce qui fait dire en Physique que l'angle d'incidence égale l'angle de réflexion.

Exercice. Trouver le chemin que devra suivre une bille A pour aller toucher une autre bille B, après avoir frappé l'une des bandes du billard, ou deux bandes, ou trois, ou les quatre bandes. (Dans la pratique, le pirouettement de la bille empêche que ce chemin soit rigoureusement suivi.)

Théorème XIII

31. Si une perpendiculaire et différentes obliques partent d'un même point et tombent sur une même ligne,

1°. La perpendiculaire est plus courte que toute oblique;

2°. Deux obliques qui s'écartent également de la perpendiculaire sont égales;

3°. De deux obliques, celle qui s'écarte le moins de la perpendiculaire est la plus courte, et réciproquement.

..... Prolongeons la perpendiculaire AC de manière à avoir $CA' = CA$ (le point A' est dit alors symétrique de A); menons DA' et EA'. BE se trouve perp. au milieu de AA', de sorte qu'on a: $DA = DA'$, $EA = EA'$.

1°. On a $AA' < ADA'$; d'où en prenant la moitié de part et d'autre .... $AC < AD$ ....

2°. Soient AB et AD deux obliques qui s'écartent également de la perpendiculaire, de sorte qu'on ait $CB = CD$. AC se trouve alors perp. au milieu de BD; donc (28) $AB = AD$ .....

3°. On a: $ADA' < AEA'$; d'où $AD < AE$ ....

32. Exercices. Démontrer les réciproques, savoir:

1°. De toutes les droites (en nombre infini) qu'on peut mener d'un point donné à une droite donnée, la plus courte est perpendiculaire.

2°. Deux obliques égales s'écartent également de la perpendiculaire.

3°. Si deux obliques sont inégales, la plus courte est plus près de la perpendiculaire.

(Ces démonstrations se feront facilement par *réduction à l'absurde.*)

Corollaires. 1°. La perpendiculaire mesure la vraie distance d'un point à une droite.

2°. D'un point à une droite, on ne peut mener plus de deux droites égales.

3°. Si deux obliques égales se trouvent d'un même côté de la perpendiculaire, elles se confondent en une seule.

Exercice. Trouver le lieu géométrique des points situés à un centimètre de distance d'une droite donnée.

33. On appelle <u>triangle rectangle</u> celui qui a un angle droit ; — <u>triangle obtusangle</u> celui qui a un angle obtus ; — <u>triangle acutangle</u> celui dont tous les angles sont aigus.

Dans un tri. rect. on appelle <u>hypoténuse</u> le côté opposé à l'angle droit.

Théorème XIV.

34. Deux triangles rectangles sont égaux :

1°. Quand ils ont l'hypoténuse égale et un angle aigu égal ;

2°. Quand ils ont l'hypoténuse égale et un autre côté égal.

1°...... Pour le prouver, j'essaie une superposition, en plaçant d'abord l'angle aigu B sur son égal B'. BC coïncidera avec $B'C'$, et CA partira de C' pour tomber perpendiculairement sur $B'A'$; donc (11) CA se confondra avec $C'A'$; il y aura donc coïncidence complète......

2°. Essayons une superposition, en faisant coïncider d'abord les angles droits A et A' ; AB couvrira exactement son égal $A'B'$; BC et $B'C'$ seront deux obliques égales, partant d'un même point B', et tombant sur la même droite AC', d'un même côté de la perpendiculaire ; donc (32, corall. 3°) ces deux lignes se confondront. Donc il y aura coïncidence complète entre les deux triangles ......

Théorème XV.

35. Tout point point pris sur la bissectrice d'un angle est également distant des deux côtés de cet angle.

Réciproquement, tout point équidistant des deux côtés d'un angle appartient à la bissectrice de cet angle.

1° Soit M un point pris sur la bissectrice AM ; ses distances aux côtés sont données par les perpendiculaires MB et MC. Les triangles rectangles AMB et AMC ont l'hypoténuse égale, AM, et un angle aigu égal, en A ; donc ils sont égaux ; donc MB = MC ....

2° Soit K un point quelconque tel que l'on ait KB = KC. Je dis que la bissectrice de l'angle A devra passer par ce point.

Pour le prouver, menons KA. Les triangles rectangles AKB et AKC ont l'hypoténuse égale, AK, et un autre côté égal (KB = KC) ; donc ils sont égaux ; donc leurs angles en A sont égaux ; donc AK est bissectrice de l'angle A ......

Corollaire. La bissectrice d'un angle est le lieu géométrique des points équidistants des deux côtés de cet angle.

36. Exercices. Démontrer les théorèmes ci-après :

1° Dans un triangle, si une même droite est à la fois bissectrice et médiane, ce triangle est isocèle.

2° Un triangle qui a deux hauteurs égales est isocèle, et réciproquement.

3° Les trois bissectrices d'un triangle concourent en un même point.

37. On appelle parallèles deux droites situées dans un même plan, et qui ne peuvent se rencontrer, à quelque distance qu'on les prolonge.

Théorème XVI.

38. Deux perpendiculaires à une même droite sont parallèles entre elles.

Car, pour qu'il y eût rencontre, il faudrait que par un même point, on pût mener deux perpendiculaires à une même droite, ce qui est impossible (11) ......

39. Axiome. Par un point donné, on ne peut mener qu'une seule parallèle à une droite donnée.

Théorème XVII.

40. Si deux droites sont parallèles, toute perpendiculaire à l'une est aussi perpendiculaire à l'autre.

Soient les parallèles AB et CD, et soit FC perpend. à AB ; je dis que FC sera aussi perpendiculaire à CD.

En effet, si par le point C on menait une droite CK perp. à FC, cette ligne CK serait parallèle à AB (38) ; donc (39) CK se confond avec CD ; donc enfin FC est perpendiculaire à CD ...... C. Q. F. D.

Théorème XVIII.

40 bis. Deux droites parallèles à une troisième sont parallèles entre elles.

Soient AB et CD deux droites parallèles chacune à EF ; je dis que AB et CD sont parallèles entre elles.

Pour le prouver, je mène MN perpendiculaire à EF. Cette ligne sera aussi (40) perpendiculaire à AB, et de même à CD. Les deux droites AB et CD seront donc perp. à une même droite ; donc elles seront parallèles entre elles (38). C. Q. F. D.

Théorème XIX

41. Lorsque deux droites parallèles sont rencontrées par une sécante * oblique, les quatre angles aigus qui se trouvent ainsi formés sont égaux entre eux, aussi bien que les quatre angles obtus.

.... Par le point H, milieu de GK, menons MN perp. aux parallèles AB et CD.

Le triangle rectangle KMH = GNH... donc $r = s$; on a d'ailleurs (15) $r = u$, et $s = z$; donc les quatre angles aigus u, r, s, z, sont égaux....

Quant aux angles obtus, on voit qu'ils sont les suppléments des aigus; donc (14) ils sont aussi égaux entre eux........

Scolie. r et s sont dits alternes-internes, ainsi que p et t; u et z sont dits alternes-externes, ainsi que K et G; u et s sont dits correspondants, ainsi que r et z, K et p, t et G; t et s sont intérieurs d'un même côté de la sécante, ainsi que r et v; u et G sont extérieurs d'un même côté de la sécante, ainsi que K et z.

Corollaire I. Deux angles alternes-internes sont égaux, ainsi que deux angles alternes-externes, ou deux angles correspondants.

Corollaire II. Deux angles intérieurs d'un même côté de la sécante sont supplémentaires, ainsi que deux angles extérieurs d'un même côté.

Corollaire III. Si deux droites parallèles sont traversées par deux autres parallèles, les huit angles aigus ainsi formés sont égaux entre eux, ainsi que les huit obtus.

Théorème XX

42. Deux angles qui ont les côtés respectivement parallèles sont ou égaux, ou supplémentaires.

1°.... Les deux angles a et c ont les côtés respectivement parallèles, et ils sont égaux chacun à l'angle i comme correspondants; donc ils sont égaux entre eux.

---

* Sécante, ligne qui coupe, qui traverse.....

2°. Les deux angles a et d ont aussi les côtés respectivement parallèles ─ ; $a = i$ comme alternes-internes ; or d et i sont supplémentaires (41, coroll. II.) ; donc d et a sont aussi supplémentaires...

Corollaire. Deux angles qui ont les côtés parallèles et dirigés dans le même sens sont égaux.

Théorème XXI.

43. Si deux angles égaux ont la position des angles correspondants, ou des alternes-internes, ou des alternes-externes, les droites qui forment ces angles sont deux parallèles et une sécante.

Soit donné $r = s$.

Par le point H, milieu de KG, menons MN perpendiculaire à AB.

Les deux triangles KMH et GNH ont un côté égal adjacent à des angles respectivement égaux ; donc (22) ils sont égaux ; donc l'angle N égale M, égale un angle Droit. Donc AB et CD sont perpendiculaires à une même droite MN ; donc ces deux droites AB et CD sont parallèles (38) ...... $C.Q.F.D.$

Scolie. Quels que soient les deux angles donnés égaux, on pourra toujours en déduire $r = s$, et on retombera ainsi dans le cas qui vient d'être étudié. Il en sera de même lorsqu'on donnera comme supplémentaires deux angles intérieurs ou extérieurs d'un même côté d'une sécante.

Corollaire. Si deux angles inégaux affectent la position des angles correspondants, ou des alternes-internes, ou des alternes-externes, il n'y a pas de parallèles parmi les lignes qui forment ces angles.

Il en est de même si deux angles intérieurs ou extérieurs d'un même côté d'une sécante valent ensemble plus ou moins de deux Droits.

Théorème XXII.

44. Les trois angles d'un triangle valent ensemble deux angles droits, ou 180 degrés.

.....Par le sommet supérieur, menons une parallèle au côté inférieur ; nous aurons (41) :

$$a + b + c = a' + b + c' = 2D.....$$

<u>Corollaires</u>. 1°. Dans un triangle quelconque, chaque angle est le supplément de la somme des deux autres.

2°. Dans un triangle rectangle, les deux angles aigus valent ensemble un angle droit ou 90 degrés.

3°. Un même triangle ne peut avoir deux angles droits ou obtus.

<u>Exercice</u>. Dans un triangle ABC, on donne :
$A = 63°*$, $B = 45°$; calculer l'angle C.

┌─────────────────────┐
│ Théorème XXIII. │
└─────────────────────┘

44 bis. Deux angles de même nature (c'est-à-dire tous les deux aigus, ou tous les deux obtus) qui ont les côtés respectivement perpendiculaires sont égaux.

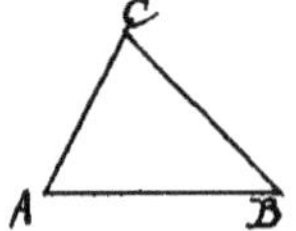

Soient a et c deux angles aigus, qui ont leurs côtés respectivement per-pendiculaires..... Les triangles ABD et CFD sont rectangles, en B et F ; donc (44, coroll. 2°) a et c ont pour compléments respectifs les angles i ; or ceux-ci sont égaux comme opposés par le sommet ; donc aussi $a = c$.....

45. On appelle <u>angle extérieur</u> d'un triangle l'angle formé par un côté quelconque et le prolongement du côté voisin.

┌─────────────────────┐
│ Théorème XXIV. │
└─────────────────────┘

45 bis. L'angle extérieur d'un triangle vaut la somme des deux intérieurs opposés.

.....Menons CD parallèle à AB ; on a : $a = a'$ comme correspondants ; $b = b'$ comme alternes-internes ; donc $a + b = a' + b'$, égale l'angle extérieur BCE...... C.Q.F.D.

---

* $63°$ signifie 63 degrés.

46. On appelle _polygone_ une figure plane renfermée entre plusieurs lignes droites, qui en sont les _côtés_.

Un polygone a toujours autant d'angles que de côtés.

Le triangle est le plus simple des polygones.

On nomme _diagonale_ une droite qui joint deux sommets non voisins d'un polygone. Telle est AD.

On appelle _angle extérieur_ d'un polygone un angle formé par un côté quelconque, et le prolongement de l'un des côtés voisins.

On appelle _polygone régulier_ celui qui a tous ses côtés égaux, et tous ses angles égaux.

$$\boxed{\text{Théorème XXV.}}$$

47. La somme des angles intérieurs d'un polygone quelconque égale deux angles droits répétés autant de fois que le polygone a de côtés moins deux.

Cela se voit par la décomposition du polygone en autant de triangles qu'il y a de côtés moins deux, par des diagonales qui ne se coupent pas, de sorte que les angles de ces triangles sont tous formés aux dépens des angles du polygone.......

Remarques. 1º Ce théorème est vrai quelle que soit la forme du polygone. Dans le cas des _angles rentrants_, ces angles valent plus de deux Droits....

2º En appelant n le nombre des côtés d'un polygone, le nombre des triangles sera $n-2$, et la somme des angles :
$$2D(n-2) \quad \text{ou} \quad 180°(n-2)$$

3º Si le polygone est régulier, la valeur de chaque angle sera représentée par $\dfrac{2D(n-2)}{n} \quad \text{ou} \quad \dfrac{180°(n-2)}{n}$

48. Exercice. Calculer les éléments du petit tableau ci-après :

Nombre des côtés.	Nom du polygone.	Somme des angles.
3 côtés.......	Triangle........	$2D$ ou $180°$
4 côtés.....	Quadrilatère......	$4D$ ou $360°$
5 côtés.....	Pentagone.......	$6D$ ou $540°$
6 côtés.....	Hexagone.......	$8D$ ou $720°$
7 côtés.....	Heptagone.......	$10D$ ou $900°$

8	côtés	Octogone	12 D	ou 1080°
9	côtés	Ennéagone	14 D	ou 1260°
10	côtés	Décagone	16 D	ou 1440°

&c....

Exercice. Calculer la valeur de chaque angle pour un polygone régulier donné.

Polygone régulier		Somme des angles	Valeur de chaque angle
3 côtés	(Triangle équilatéral)	180°	60°
4 côtés	(carré)	360°	90°
5 côtés	(Pentagone régulier)	540°	108°
6 côtés	(Hexagone régulier)	720°	120°
7 côtés	(heptagone régulier)	900°	128°$\frac{4}{7}$
8 côtés	(Octogone régulier)	1080°	135°
9 côtés	(Ennéagone régulier)	1260°	140°
10 côtés	(Décagone régulier)	1440°	144°

&c.....

49. _Exercices_. 1° Démontrer que si deux angles d'un quadrilatère sont droits, les deux autres angles sont supplémentaires.

2° Démontrer que la somme des angles extérieurs d'un polygone quelconque valent ensemble 4 Droits, ou 360°.

(Chaque angle extérieur est le supplément de l'angle intérieur voisin.)

(Si l'angle intérieur est plus grand que 2 Droits (angle rentrant), son supplément est négatif.)

50. On appelle _parallélogramme_ un quadrilatère dont les côtés opposés sont parallèles;

— _Rectangle_ un parallélogramme dont les angles sont tous égaux, et par suite droits;

— _Losange_ un parallélogramme dont tous les côtés sont égaux;

— _Carré_ un parallélogramme qui est à la fois rectangle et losange.

Théorème XXVI

51. Dans tout parallélogramme, les côtés opposés sont égaux, ainsi que les angles opposés.

... Pour le prouver, je mène la diagonale BD; et je considère les deux triangles BDA et BDC; BD est commun, $m = m'$ comme alternes-internes, et de même $n = n'$; donc ces deux triangles ont un côté égal adjacent à des angles respectivement-égaux; donc (22) ils sont égaux; donc $AD = BC$, $AB = CD$, $A = C$, $B = D$. C.Q.F.D.

Théorème XXVII

51 bis. Tout quadrilatère est un parallélogramme :

1°. Lorsque les côtés opposés sont égaux deux à deux;

2°. Lorsque deux des côtés sont égaux et parallèles ;

3°. Lorsque les angles opposés sont égaux deux à deux.

.... 1°. Les deux triangles BDA et BDC ont les trois côtés respectivement égaux; donc (24) ils sont égaux; donc $m = m'$; or ces deux angles ont la position de alternes-internes; donc (43) AB et CD sont parallèles; de même $n = n'$; donc AD et BC sont parallèles; donc (50) la figure est un parallélogramme. C.Q.F.D.

2°. Soit donné AD égal et parallèle à BC.... On aura $n = n'$; et les deux triangles auront un angle égal compris entre des côtés respectivement égaux; donc (22) ils sont égaux; donc $m = m'$; donc (43) AB et CD sont parallèles; donc enfin (50) $ABCD$ est un parallélogramme. C.Q.F.D.

3°. Soit donné l'angle $A = C$, et $B = D$.... Nous savons déjà que les quatre angles réunis (47) valent 4 Droits; ainsi on a $A + B + C + D = 4D$; et en remplaçant C et D par leurs égaux A et B, il vient $2A + 2B = 4$ Droits; d'où $A + B = 2$ Droits; donc (43, scolie) AD et BC sont parallèles; on prouve de même que $2A + 2D = 4D$; d'où $A + D = 2D$; donc AB et CD sont parallèles....

52. *Exercices.* Théorèmes à démontrer.

1º Étant donné un triangle, si l'on mène par chaque sommet une parallèle au côté opposé, on obtient un nouveau triangle dont les côtés sont doubles de ceux du premier. Et les sommets du premier triangle sont les milieux des côtés du second.

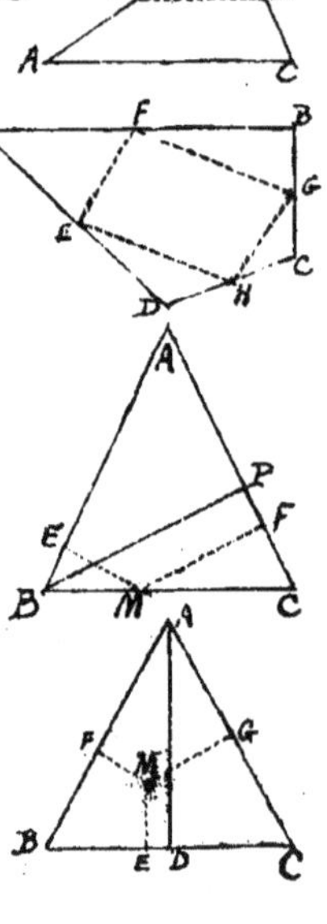

2º Si l'on joint les milieux des côtés d'un triangle, on obtient un nouveau triangle dont les côtés sont moitié de ceux du premier, et leur sont parallèles.

3º La droite qui joint les milieux de deux côtés d'un triangle est parallèle au troisième côté, et égale à sa moitié.

4º Dans un quadrilatère quelconque, les milieux des quatre côtés sont les sommets d'un parallélogramme.

5º Dans un triangle isocèle, si d'un point quelconque de la base on mène des perpendiculaires aux deux autres côtés, la somme de ces perpendiculaires est constante, et vaut l'une des deux hauteurs égales du triangle.

6º Dans un triangle équilatéral, la somme des distances d'un point quelconque de l'intérieur aux trois côtés est constante, et égale à la hauteur du triangle.

Théorème XXVIII.

53. Les diagonales d'un parallélogramme se coupent en leurs milieux, et celles d'un losange se coupent de plus à angle droit.

1º... Les deux triangles AOD et BOC ont un côté égal (51) adjacent à des angles respectivement égaux (41); donc ils sont égaux; donc OA = OC, OB = OD.......

2º..... Les deux triangles AOB et AOD ont les trois côtés respectivement égaux (50, 53); donc ils sont égaux (24); donc leurs angles en O sont égaux; donc ces angles sont droits (9). C.Q.F.D.

54. *Exercices.* Théorèmes à démontrer.

1.° Tout quadrilatère dont les diagonales se coupent en leurs milieux est un parallélogramme.

2.° Tout quadrilatère dont les diagonales se coupent en leurs milieux et à angle droit est un losange.

3.° Les diagonales d'un losange sont bissectrices des angles de ce losange.

4.° Les diagonales d'un rectangle sont égales.

5.° Si les diagonales d'un quadrilatère sont égales et se coupent en leurs milieux, ce quadrilatère est un rectangle. Si de plus ces diagonales sont perpendiculaires, la figure est un carré.

6.° Dans un quadrilatère quelconque, les droites qui joignent les milieux des côtés opposés se coupent en leurs milieux.

7.° Dans un rectangle, la somme des distances d'un point quelconque du contour ou périmètre aux deux diagonales est constante.

8.° Dans un parallélogramme quelconque, les bissectrices des angles se rencontrent de manière à former un rectangle.

9.° Les trois médianes d'un triangle se coupent en un même point, qui est aux 2/3 de chacune d'elles. (Ce point de concours des médianes est le *centre de gravité* du triangle.)

10.° Les trois hauteurs d'un triangle quelconque se rencontrent en un même point (52, 1.°).

55. *Exercices.* Problèmes à résoudre.

1.° Construire un triangle connaissant les milieux des trois côtés.

2.° Connaissant les milieux de trois côtés d'un quadrilatère, trouver le milieu du quatrième côté.

3.° Construire un quadrilatère, connaissant les milieux de trois côtés, avec la longueur et la direction du quatrième. (Par une parallèle à ce quatrième côté.)

4.° Constr. un quadrilatère connaissant les milieux de trois côtés , et l'une des extrémités du quatrième côté.

5°. Connaissant les milieux des côtés d'un pentagone, trouver les milieux des cinq diagonales.

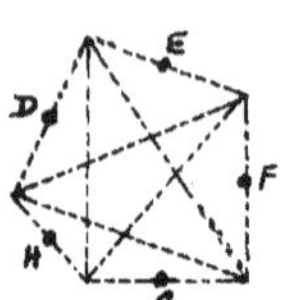

6°. Construire un pentagone, connaissant simplement les milieux des cinq côtés.

7°. Étant donnés un point fixe et une droite indéfinie, trouver le lieu géométrique des milieux des droites menées du point donné à la droite donnée.

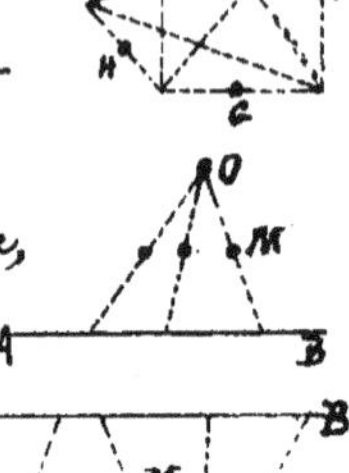

8°. Trouver le lieu géométrique des milieux des droites menées entre deux parallèles données.

9°. Étant données de position deux droites indéfinies quelconques, trouver le lieu des points tels que la somme des distances de chacun d'eux à ces deux droites soit égale à une longueur donnée.

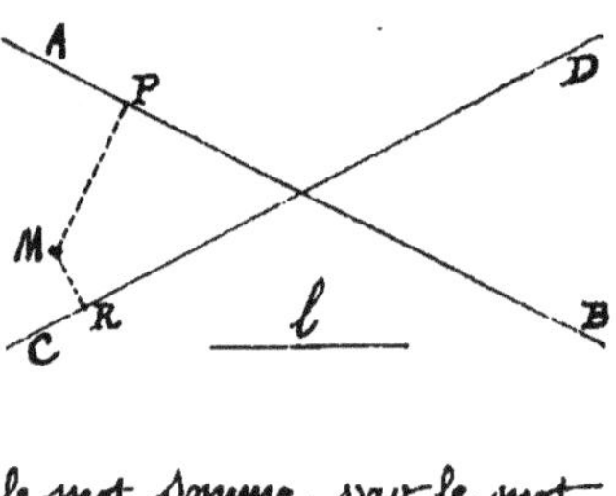

10°. Même problème en remplaçant le mot somme par le mot différence.

11°. Étant donné un angle, et un point fixe dans son ouverture, mener par ce point une droite transversale qui aboutisse aux deux côtés de l'angle, et qui ait pour milieu le point donné.

12°. A la base BC d'un triangle, mener une parallèle DE qui soit égale à la somme des segments inférieurs BD et CE qu'elle détermine sur les deux autres côtés.

13°. Construire un triangle connaissant deux côtés, et la médiane qui tombe sur l'un d'eux.

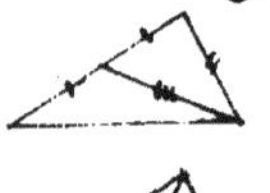

14°. Construire un triangle connaissant deux côtés, et la médiane qui tombe sur le troisième côté (5.s).

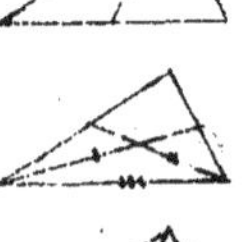

15°. Construire un triangle connaissant un côté, et les deux médianes qui partent de ses extrémités.

16°. Construire un triangle connaissant deux médianes, et le côté sur lequel tombe l'une d'elles.

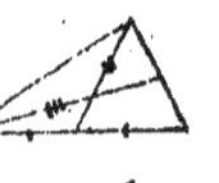

17°. Construire un triangle connaissant les trois médianes (53).

LIVRE II.

LA CIRCONFÉRENCE
ET LA MESURE DES ANGLES

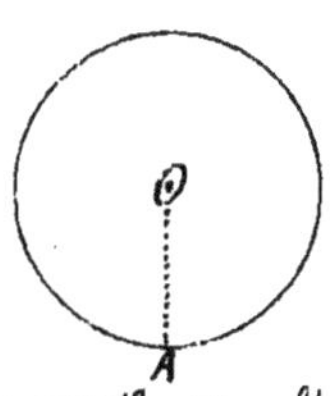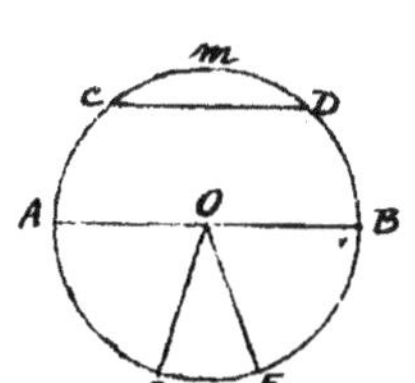

56. On appelle _circonférence_ une courbe fermée dont tous les points sont également distants d'un point intérieur qu'on nomme _centre_.

On appelle _arc_ une partie quelconque de la circonférence ;

— _Corde_ une droite qui joint deux points quelconques de la circonférence ;

— _Diamètre_ une corde qui passe par le centre ;

— _Rayon_ une droite qui joint le centre à un point quelconque de la circonférence ;

— _Angle central_ un angle formé par deux rayons.

57. On appelle _cercle_ la surface comprise dans la circonférence ;

— _Segment_ de cercle la surface comprise entre deux cordes parallèles, ou bien entre une corde et l'arc qu'elle soutient ;

— _Secteur_ de cercle la surface comprise entre deux rayons et l'arc qu'ils déterminent.

58. _Axiomes_. 1º Le diamètre vaut deux rayons.

2º Tous les rayons d'un même cercle sont égaux ; et il en est de même des diamètres.

3º Deux cercles de même rayon sont égaux, et réciproquement.

4º Deux cercles égaux peuvent coïncider par superposition.

5º Une droite ne peut rencontrer une circonférence en plus de deux points.

6º La circonférence est un _lieu géométrique_ pour les pour les points distants du centre d'une quantité égale au rayon.

Théorème I.

58 bis. Dans un même cercle, ou dans des cercles égaux,

1.° Des angles centraux égaux embrassent des arcs égaux ; et réciproquement, à des arcs égaux, correspondent des angles centraux égaux ;

2.° Un plus grand angle embrasse un plus grand arc ; et réciproquement, à un plus grand arc correspond un plus grand angle central.

1.° Soient M et N deux cercles égaux, et A et B deux angles centraux égaux. Je dis que les deux arcs CD et EF sont aussi égaux.

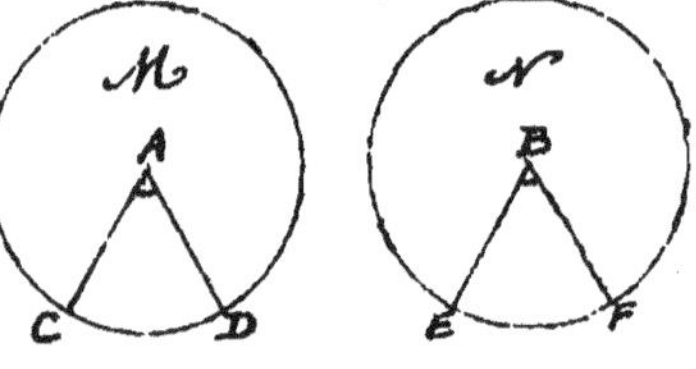

Pour le prouver, je suppose le cercle N transporté sur son égal M, centre sur centre ; il y aura coïncidence parfaite. Je suppose que le cercle N tourne alors autour du centre jusqu'à ce que le rayon BE couvre son égal AC ; alors, à cause des deux angles A et B donnés égaux, le rayon BF couvrira son égal AD. Donc alors l'arc EF coïncidera exactement avec CD, sans quoi les points de ces arcs seraient diversement distants du centre, ce qui est contre la nature de la circonférence (56). Donc ces deux arcs sont égaux.....

2.° Soit donné l'angle B plus grand que l'angle A.......

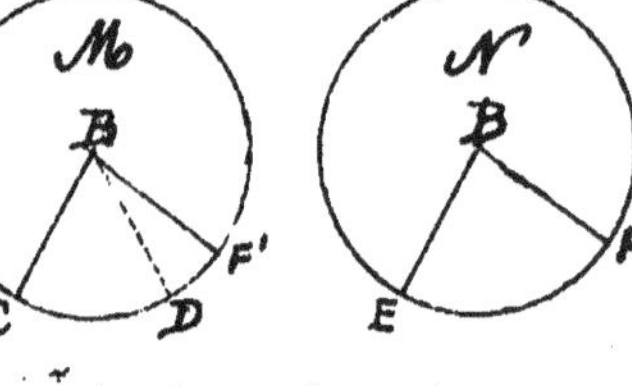

Posons encore le cercle N sur son égal M, de manière que le rayon BE couvre son égal AC ; l'angle B étant plus grand que A, il est clair que le rayon BF se placera au-delà de AD sur la droite ; donc alors l'arc EF vaudra l'arc CD plus un supplément DF' ; donc l'arc EF est plus grand que CD.

Réciproquement. 1.° Soit donné l'arc $CD = EF$ (1.ère figure). Pour que l'un des angles A et B fût plus grand que l'autre, il faudrait que l'un des deux arcs fût aussi plus grand que l'autre.

2.° Soit donné l'arc $EF > CD$ .... Pour que les angles fussent égaux, il faudrait que les arcs le fussent aussi............

et pour que l'angle B fût plus petit que A, il faudrait que l'arc EF fût aussi plus petit que CD, ce qui est le contraire des données. Donc on a bien $B > A$ ....

Théorème II

59. Tout diamètre divise le cercle et la circonférence en deux parties égales.

..... Imaginons que la partie supérieure ABC tourne autour de AB, et se replie sur la partie inférieure ABM. Pendant le mouvement, un point quelconque C de l'arc supérieur reste toujours à la même distance du centre; et il ne pourrait tomber en dedans ou en dehors de l'arc AMB, qu'autant que sa distance au centre aurait diminué ou augmenté. Donc il y a coïncidence complète entre les deux arcs, aussi bien qu'entre les deux surfaces. Donc tout diamètre ...

Théorème III.

60.   Dans un même cercle, ou dans des cercles égaux,

1°: Deux arcs égaux sont soutendus par des cordes égales, et réciproquement ;

2°: Un plus grand arc est soutendu par une plus grande corde, et réciproquement. (Dans ce dernier cas, il ne faut considérer que des arcs moindres qu'une demi-circonférence; autrement, la propriété contraire aurait lieu.)

1°. Soit donné l'arc AmB égal à CnD .... Imaginons le premier cercle posé sur le second, centre sur centre, et de

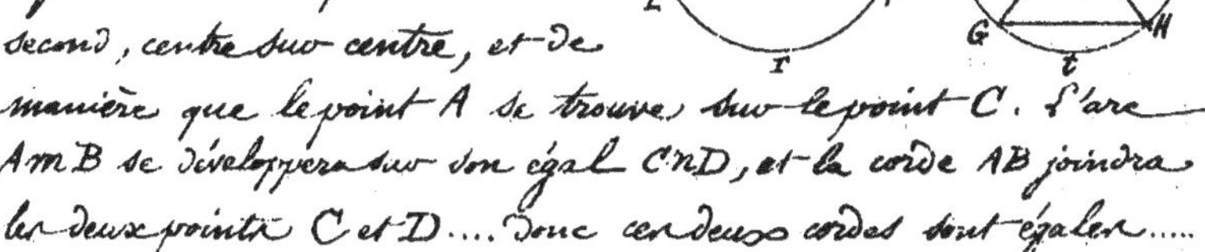

manière que le point A se trouve sur le point C. L'arc AmB se développera sur son égal CnD, et la corde AB joindra les deux points C et D .... Donc ces deux cordes sont égales ......

2°. Soit donné l'arc $ErF > GtK$ .... Les deux triangles EKF et GLH ont deux côtés respectivement égaux (58), et l'angle compris $K > L$ (58 bis) ; donc (23) on a aussi le côté $EF > GH$ ....

C.Q.F.D.

Exercice. Démontrer les réciproques (par réduction à l'absurde.)

Théorème IV.

61. Tout rayon perpendiculaire à une corde divise cette corde et l'arc soutendu en deux parties égales.

..... Les deux obliques CA et CB sont égales comme rayons d'un même cercle ; donc (32) $EA = EB$ ...... donc (31) $DA = DB$ ..... donc (60) $DmA = DnB$ ....

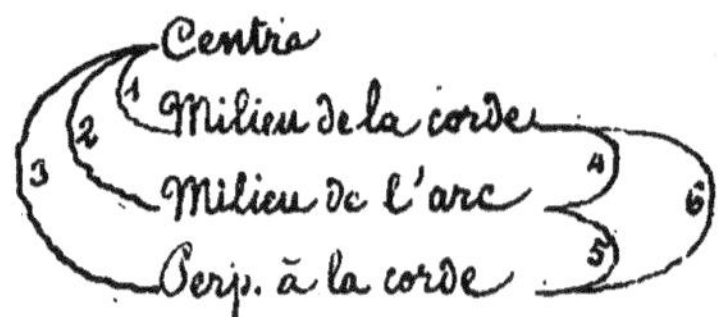

Scolie. La droite CD remplit quatre conditions, dont deux suffisent pour la déterminer ; d'où six énoncés, qu'on peut formuler facilement, à la vue de l'exposé que voici :

62. _Exercices._ Théorèmes à démontrer directement, c'est-à-dire sans le secours du théorème ci-dessus. (Ce sont les 6 énoncés).

1°. Tout rayon mené par le milieu d'une corde est perpendiculaire à cette corde, et passe par le milieu de l'arc.

2°. Tout rayon mené au milieu d'un arc est perpendiculaire au milieu de la corde qui soutend cet arc.

3°. Tout rayon perpendiculaire à une corde divise cette corde et l'arc soutendu en deux parties égales. (C'est le théorème ci-dessus démontré).

4°. Toute droite qui passe par le milieu d'une corde et par le milieu de l'arc soutendu, passe aussi par le centre, et est perpendiculaire à la corde.

5°. Toute perpendiculaire abaissée du milieu d'un arc sur la corde passe par le centre et par le milieu de la corde.

6°. Toute perpendiculaire élevée au milieu d'une corde passe par le centre et par le milieu de l'arc.

Problème. Retrouver le centre d'une circonférence donnée, ou d'un arc donné.

Théorème V.

63. Par trois points donnés non en ligne droite, on peut faire passer une circonférence, et on n'en peut faire passer qu'une.

Soient A, B, C, les trois points donnés. Menons AB et BC; puis DF et EG respectivement perpendiculaires aux milieux de AB et BC.

Je vais prouver d'abord que DF et EG se rencontreront. En effet BC n'étant pas le prolongement de AB, EG ne sera pas parallèle à DF ... (38).

D'autre part, il est facile de voir que le point rencontre O est équidistant des trois points A, B, C (28). Donc ce point O peut servir de centre à une circonférence, passant par A, B, C.

Pour démontrer la seconde partie du théorème, remarquons que toute circonférence passant par A et B a nécessairement son centre sur la direction DF; et que toute circonf. passant par B et C a nécessairement son centre sur la direction EG. Donc il n'y a pas d'autre centre possible que le point O, et par suite pas d'autre rayon possible que la distance commune OA, OB, OC...

Corollaires. 1° Deux circonférences ne peuvent avoir plus de deux points communs sans se confondre.

2° Les perpendiculaires élevées sur les milieux des trois côtés d'un triangle concourent en un même point; et ce point est le centre du cercle circonscrit au triangle. Le triangle est dit alors inscrit dans la circonférence.

Scolie. La construction indiquée dans le théorème ci-dessus est celle qui sert à faire passer une circonférence par trois points donnés, ou à circonscrire une circonférence à un triangle donné.

Théorème VI.

64. Dans un même cercle, ou dans des cercles égaux,

1° Deux cordes égales sont également éloignées du centre, et réciproquement;

2° De deux cordes inégales, la plus courte est plus éloignée du centre, et réciproq.ment.

1º Soient données les deux cordes égales AB et CD. Je dis qu'elles sont également éloignées du centre, de sorte qu'on aura $OE = OF$.

En effet, le triangle rectangle $OEA = OFC\ldots$ (34) ; donc $OE = OF \ldots$ C.Q.F.D.

2º Soit $GH < KL$. On a aussi (60) : l'arc $GmH < KnL\ldots$

Prenons l'arc $KnH' = GmH$; on aura (60) la corde $GH = KH'$, et $OM = OM'$. Or ON étant perpendiculaire à KL, OI n'est qu'une oblique ; et on a : $ON < OI < OM'$ ou $OM \ldots$ C.Q.F.D.

Exercice. Démontrer les réciproques 1º par réduction à l'absurde en s'appuyant sur les théorèmes directs, 2º sans faire usage de ces théorèmes.

65. On appelle _sécante_ à une circonférence une droite qui coupe cette circonférence en deux points ; c'est une corde prolongée.

On appelle _tangente_ une droite indéfinie qui ne touche la circonférence qu'en un point, qu'on appelle point de contact ou de tangence.

La tangente peut être considérée comme la _limite_ des positions que prend une _sécante_, lorsque l'un des points d'intersection se rapproche indéfiniment de l'autre.

$$\boxed{\text{Théorème VII.}}$$

66. Toute droite perpendiculaire à l'extrémité d'un rayon est une tangente à la circonférence, et réciproquement.

$\ldots$1º On a l'oblique $OK > OC$; donc tout point K différent de C est hors du cercle$\ldots$

2º Soit AB donnée tangente en $C\ldots$ OC sera la plus courte ligne qu'on puisse mener du point O sur AB ; donc OC sera perpendiculaire à $AB \ldots$ C.Q.F.D.

Corollaires. 1: Pour mener une tangente en un point donné sur une circonférence, on mène un rayon à ce point, puis une perpendiculaire à l'extrémité de ce rayon.

2: Par un point donné sur une circonférence, on ne peut mener qu'une seule tangente à cette circonférence (11).

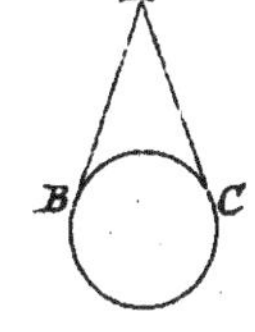

Exercice   Démontrer que deux tangentes AB et AC menées d'un même point à un même cercle, et arrêtées aux points de contact, sont égales.

Théorème VIII.

67. Deux parallèles qui coupent la circonférence interceptent des arcs égaux.

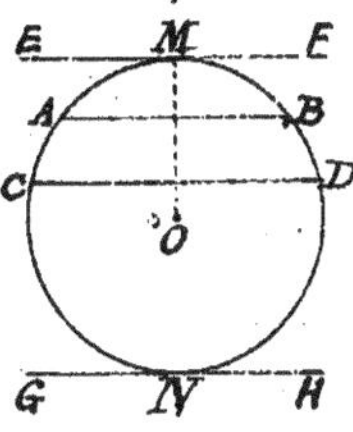

1ᵉʳ cas. Soient d'abord deux cordes parallèles AB et CD. Menons le rayon OM perpendiculaire à AB, et par suite à CD (40).

On a (61) : .... $MC = MD$
$$MA = MB$$

Donc .... $AC = BD$ .... C.Q.F.D.

2: Cas. Soient les deux parallèles AB et EF, l'une des deux étant tangente. Menons le rayon OM au point de contact. OM sera (66) perp. à EF, et par suite (40) à AB; donc (61) $MA = MB$...

3: Cas. Soient deux tangentes parallèles EF et GH. Menons AB parallèle à EF, et par suite (40 bis) à GH. On aura :
$$MA = MB$$
$$NA = NB$$

Donc ...... $MAN = MBN$ ..... C.Q.F.D.

Scolie. Deux tangentes parallèles ont leurs points de contact aux extrémités d'un même diamètre.

68. Deux circonférences sont dites tangentes lorsqu'elles se touchent par un seul point.

Si elles se coupent, elles sont dites sécantes.

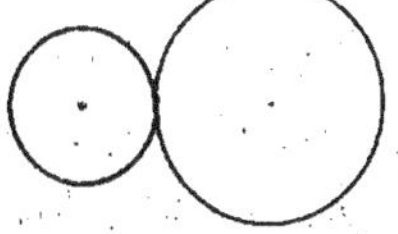

Théorème IX.

69. Si deux circonférences ont un point commun en dehors de la ligne qui joint leurs centres, elles en ont nécessairement un second, _symétrique_ du premier *.

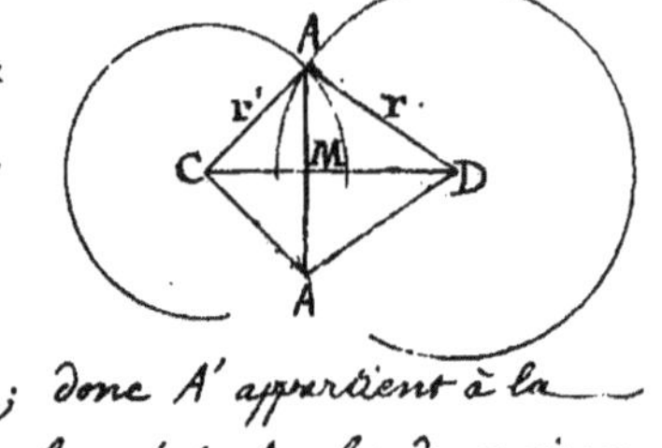

..... Menons AA' perp. à CD, et prenons MA' = MA . CD est perp. au milieu de AA'; donc (28) CA' = CA ; donc A' appartient à la première circonférence. De même DA' = DA ; donc A' appartient à la seconde circonférence. Donc, outre le point A, les deux circonférences ont encore A' pour point commun.

Corollaire. Si deux circonférences sont tangentes, le point de contact se trouve toujours sur la ligne des centres.

Car s'il était d'un côté de cette ligne, il y aurait un autre point commun de l'autre côté de cette même ligne.

70. _Remarques_. 1° Quand deux circonférences se coupent, la droite qui joint les points d'intersection est une corde commune ; et la ligne des centres est perpendiculaire au milieu de cette corde commune.

2° Lorsque deux circonférences se coupent, il y a toujours un triangle possible, ayant pour sommets les deux centres et l'un des points d'intersection. Ce triangle a pour côtés les deux rayons et la ligne des centres. Donc alors (19) la distance des centres est plus petite que la somme des rayons ; et plus grande que leur différence :
$$r + r' > d > r - r'$$

3° Deux circonférences peuvent avoir entre elles cinq positions différentes, dans chacune desquelles on peut remarquer une relation caractéristique entre les rayons et la distance des centres :

1° Circonférences extérieures :
$$d > r + r'$$

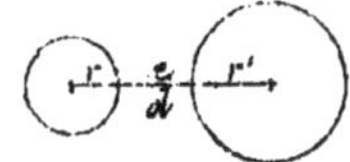

2° Circonférences tangentes extérieurement :
$$d = r + r'$$

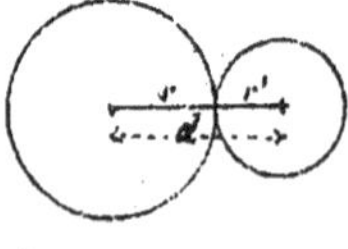

---

* Deux points sont symétriques par rapport à une droite, lorsque cette droite est perpendiculaire au milieu de la ligne qui joint les deux points.

3°. Circonférences sécantes :

$$d \begin{cases} < r+r' \\ > r-r' \end{cases}$$

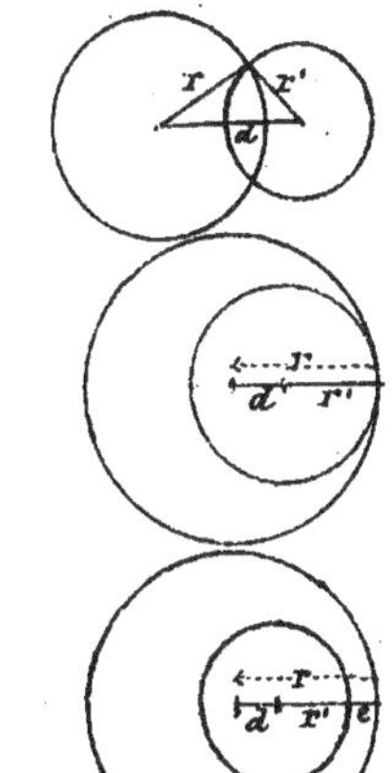

4°. Circonférences tangentes intérieurement :

$$d = r - r'$$

5°. Circonférences intérieures :

$$d < r - r'$$

Exercice. Démontrer que les relations ci-dessus entre les rayons et la distance des centres, déterminent la position relative des deux circonférences.

Problème. Avec un rayon donné, décrire une circonférence

1°. tangente à deux droites données,

2°. tangente à une droite donnée et à une circonférence donnée,

3°. tangente à deux circonférences données,

4° tangente à une droite donnée, et passant par un point donné,

5°. tangente à une circonférence donnée, et passant par un point donné.

71. _Mesurer un angle_, c'est chercher ce qu'il est en égard à l'angle choisi comme unité de mesure : l'angle droit, ou bien l'angle d'un degré.

Pour comparer les angles entre eux, souvent on considère les _arcs_ compris entre leurs côtés, et décrits de leurs sommets comme centres ; et cela en vertu de certaines relations entre les angles et les arcs.

Théorème X.

72. Deux angles quelconques sont entre eux comme les arcs compris entre leurs côtés, et décrits de leurs sommets avec un même rayon.

... Je dis que les angles A et B sont entre eux comme les arcs CD et EF ; de sorte que si l'arc CD est par exemple les $\frac{3}{5}$ de EF, l'angle A sera aussi les $\frac{3}{5}$ de B, ce qui revient à dire que les angles, comme

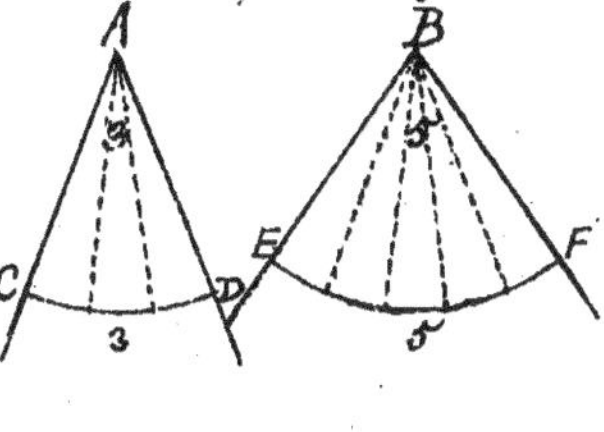

les arcs, seront entre eux comme 3 est à 5.

Dire que CD est les 3/5 de EF, c'est dire que le petit arc qui peut être porté 3 fois exactement sur CD peut l'être 5 fois exactement sur EF.

Joignons les sommets A et B aux points de division des arcs; nous obtiendrons ainsi 3 petits angles dans A, et 5 dans B; et tous ces petits angles seront égaux entre eux (58). Dès lors il est visible que l'angle A sera les 3/5 de B, tout comme l'arc CD est les 3/5 de EF; et c'est ce qu'il fallait démontrer......

Et cette démonstration est vraie quelque petit que soit l'arc qui pourra être porté exactement sur CD et sur EF. On aura donc toujours

$$\frac{A}{B} = \frac{CD}{EF} \quad * \qquad C.Q.F.P.$$

73. *Scolie*. Si par le centre d'un cercle on trace deux diamètres perpendiculaires, on forme 4 <u>angles droits</u>, ou 4 angles de 90 degrés.

Si l'on divise chacun de ces angles en 90 angles égaux, on obtiendra en tout 360 <u>angles d'un degré</u>. Et la circonférence se trouvera elle-même partagée en 360 arcs égaux, qu'on appelle <u>arcs d'un degré</u>.

On conçoit que l'arc d'un degré est d'autant plus grand que la circonférence est elle-même plus grande.

On considère ordinairement le degré comme divisé en 60 <u>minutes</u>, et la minute en 60 <u>secondes</u>. Il serait bien préférable de diviser le degré en dixièmes, centièmes, millièmes, etc; d'autant plus que les mots minutes et secondes désignent déjà des valeurs de temps ou de durée.

Théorème XI.

74. Un angle quelconque a pour mesure l'arc compris entre ses côtés, et décrit de son sommet comme centre, avec un rayon quelconque.

Cela signifie que le nombre des degrés de l'angle est le même que le nombre des degrés de l'arc; et il en est de même pour les fractions de degré.

Soit l'angle A, et l'arc BC. Supposons qu'on achève la circonférence, et qu'on fasse autour du centre les 360 angles

---

* Prononcez A est à B comme CD est à EF. C'est là ce qu'on appelle une proportion.

d'un degré qui peuvent y trouver place. La circonférence se trouvera elle-même partagée en 360 arcs d'un degré. Et il est évident que le nombre des degrés, minutes, secondes, compris dans l'angle A, sera le même que le nombre des degrés, minutes, secondes, marqués sur l'arc BC. Or, c'est précisément là ce que signifie le théorème. Donc un angle quelconque a pour mesure l'arc compris entre ses côtés, et décrit de son sommet avec un rayon quelconque.

75. On appelle <u>angle inscrit</u> un angle qui a son sommet à la circonférence, et qui est formé par deux cordes. Tel est l'angle A.

— <u>Angle du segment</u> un angle formé par une corde et une tangente. Tel est l'angle B.

— <u>Angle excentrique</u> un angle dont le sommet est dans le cercle, entre le centre et la circonférence. C.

— <u>Angle circonscrit</u> un angle dont le sommet est hors du cercle, et dont les côtés viennent toucher ou couper la circonférence. D.

Théorème XII.

76. L'angle inscrit a pour mesure la moitié de l'arc compris entre ses côtés.

Ce théorème signifie que le nombre des degrés de l'angle est moitié du nombre des degrés de l'arc.

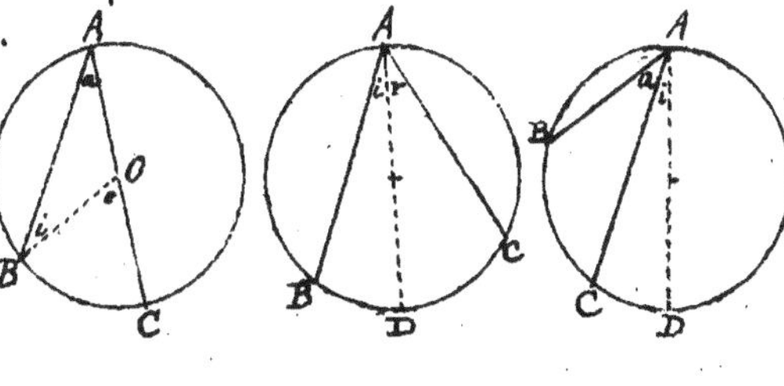

1er Cas, l'un des côtés passant par le centre. Menons le rayon auxiliaire OB. Le triangle AOB est isocèle (58); donc $a = i$. Or (45) $o = a + i = 2a$. Ainsi a est la moitié de o; donc la mesure de a est la moitié de la mesure de o. Or (74) l'angle o a pour mesure l'arc BC; donc l'angle a aura pour mesure la moitié de BC.   C. q. f. d.

2e Cas. $A = i + r$; donc mesure de $A = \frac{1}{2}BD + \frac{1}{2}DC = \frac{1}{2}BC$.

3e Cas. $a = BAD - i$; donc mesure de $A = \frac{1}{2}BD - \frac{1}{2}CD = \frac{1}{2}BC$......

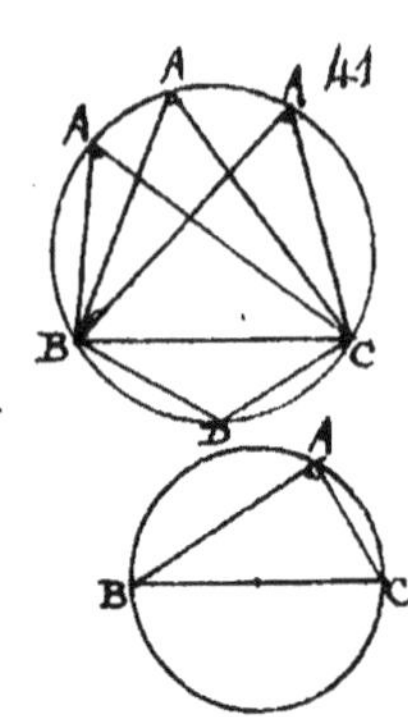

77. *Corollaires*. 1° Tous les angles inscrits dans un même segment de cercle (57) sont égaux.

2° Tout angle inscrit dans le demi-cercle est droit. Si le segment est plus grand que le demi-cercle, l'angle est aigu ; si le segment est moindre que le demi-cercle, l'angle est obtus.

3° Étant donné un triangle rectangle, si l'on prend l'hypoténuse comme diamètre, la circonférence décrite passera par le sommet de l'angle droit.

Exercices. Théorèmes à démontrer.

1° Si deux circonférences se coupent, et si, par l'un des points d'intersection A, on mène un diamètre de part et d'autre, la droite DC qui joint les extrémités de ces diamètres passe par le second point d'intersection B.

2° Si deux circonférences se coupent, et si, par l'un des points d'intersection E, on mène une sécante quelconque FG, la somme des deux arcs FmE, EnG, situés d'un même côté de la sécante, est constante (quant au nombre de degrés), quelle que soit la position de la sécante.

3° Les trois hauteurs d'un triangle quelconque se coupent en un même point (28 , 52).

4° Les trois hauteurs d'un triangle sont les bissectrices du triangle qui a pour sommets les pieds de ces mêmes hauteurs.

Problème. Construire un triangle connaissant les pieds des trois hauteurs.

Théorème XIII.

78. L'angle du segment a pour mesure la moitié de l'arc compris entre ses côtés.

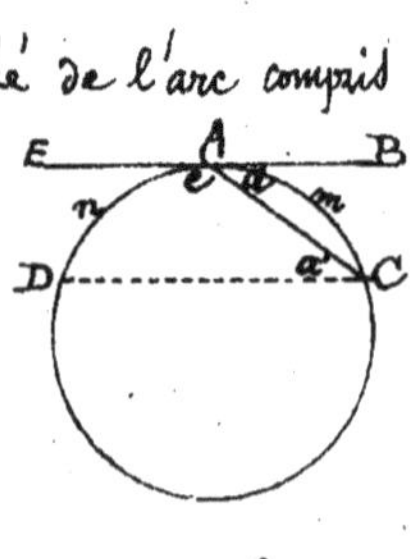

..... 1° Mesure de a égale mesure de a', égale $\frac{1}{2}$ de l'arc AnD, égale $\frac{1}{2}$ AmC ... (76, 67)..

2° e est aussi un angle du segment ; e et a valent ensemble 2 droits ; ils ont donc ensemble pour mesure la moitié de la circonférence entière. Or, a tout seul a pour mesure la moitié de l'arc AmC (76); donc l'angle C a pour mesure la moitié du reste, c'est-à--dire la moitié de ADC.....

Exercices. Théorèmes à démontrer.

1º. Étant données deux circonférences tangentes, toute sécante AC menée par le point de contact B détermine des arcs opposés AmB et BnC semblables; c'est-à-dire d'un même nombre de degrés.

2º. Si, par le point de contact O de deux circonférences tangentes, on mène deux sécantes quelconques DE et FC, les droites DF et CE qui joignent les extrémités de ces sécantes sont parallèles.

Théorème XIV.

79. L'angle excentrique a pour mesure la moitié de l'arc compris entre ses côtés, plus la moitié de l'arc compris entre leurs prolongements.

Soit A l'angle excentrique donné. Cet angle A est extérieur eu égard au triangle BAD; donc (45) on a $A = D + B$; donc mesure de A égale (76) $\frac{1}{2}BC + \frac{1}{2}DE$... C.Q.F.D.

Théorème XV.

80. L'angle circonscrit a pour mesure la moitié de l'arc concave moins la moitié de l'arc convexe compris entre ses côtés.

..... L'angle D est extérieur par rapport au triangle BDA; donc on a $D = A + B$ (45); donc $A = D - B$; donc (76) mesure de A égale $\frac{1}{2}BC - \frac{1}{2}DE$. C.Q.F.D.

81. Corollaire des trois théorèmes précédents.

L'arc d'un segment de cercle est le lieu géométrique des sommets des angles égaux qui ont pour mesure la moitié de l'arc opposé.   Autrement,

C'est un lieu pour des points d'où la corde est vue sous un même angle.

Théorème XVI.

81 bis. Dans tout quadrilatère inscrit, les angles opposés sont supplémentaires. Réciproquement, tout quadrilatère qui a les angles opposés supplémentaires est inscriptible.

1° L'angle A a pour mesure (76) la moitié de l'arc BCD, et l'angle C la moitié de BAD; ainsi A et C ont ensemble pour mesure la moitié de la circonférence entière, ou 180°......

On prouverait de même que B et D sont supplémentaires.

2° Remarquons d'abord que (48) les quatre angles d'un quadrilatère valent ensemble 4 Droits; d'où il suit que si deux angles opposés, A et C, valent deux Droits, les deux autres, B et D, valent aussi 2 Droits —.

Pour prouver qu'un tel quadrilatère est inscriptible, faisons passer une circonférence par les trois points A, B, C. L'angle inscrit B aura pour mesure la moitié de l'arc A m n C; donc son supplément, qui est D, aura pour mesure la moitié de l'arc restant, ABC; or, pour que l'angle D ait pour mesure la moitié de l'arc ABC compris entre ses côtés, il faut (76, 79, 80) que son sommet soit sur l'arc A m n C ; et ainsi, le quadrilatère donné se trouve inscrit.... C. Q. F. D.

Exercices. Théorèmes à démontrer:

1° Tout parallélogramme inscrit dans un cercle est un rectangle.

2° Un angle étant formé par deux tangentes AM et AN, si l'on mène une autre tangente quelconque BC à la partie convexe, le triangle ABC aura un périmètre constant, quelle que soit la direction de BC.

Et l'angle O sous lequel sera vue la tangente BC sera de même constant.

3° Les bissectrices d'un quadrilatère quelconque forment entre elles un quadrilatère inscriptible.

Exercices graphiques

pour l'usage de la Règle, du Compas, du Rapporteur et de l'Equerre.

82. **Problème I.** En un point donné d'une droite, faire un angle égal à un angle donné.

1.er moyen. Des points A et D comme centres, et avec un rayon quelconque, on décrit les arcs BC et EF; on fait l'arc EF égal à BC, et on mène DF.

On voit facilement que A et D ont des mesures égales.

2.e moyen. Avec le rapporteur, on évalue l'angle A, et on le reproduit sans difficulté en D.....

Remarques. 1: L'angle peut être donné en degrés; on le construit alors à l'aide du rapporteur.

2: On voit facilement comment on peut faire un angle égal à la somme ou à la différence de deux angles donnés.

83. **Problème II.** Par un point donné, mener une perpendiculaire à une droite donnée. Le point peut être donné sur la droite ou hors la droite.

Le problème peut être résolu à l'Equerre, au Rapporteur, ou au Compas.

1: A l'Equerre, il n'y a aucune difficulté.

2: Au Rapporteur. Si le point donné est sur la droite, on fait immédiatement en ce point un angle de 90 degrés.

Si le point donné N est hors la droite, on mène NF quelconque; on mesure a; et en N on fait l'angle i complément de a..... (44)

3: Au compas. Si le point donné M est sur la ligne AB, on marque des distances égales MB et MA; puis, par des arcs décrits de A et de B avec un même rayon, on détermine un second point C équidistant de A et de B. CM est la perpendiculaire demandée (28)...

Si le point donné N est hors la droite,
au moyen d'un arc décrit du point N, on marque
sur la droite deux points D et E également
éloignés de N ; puis, par des arcs décrits
de D et de E, on détermine un second point F,
équidistant de D et de E. NF est la perpendiculaire demandée.

84. **Problème III.** Diviser une droite donnée en deux parties égales.

Par des arcs décrits de A et de B, on
détermine un point C équidistant de A et
de B, puis un autre point D dans les
mêmes conditions ; et on mène CD.....

Scolie. Le même procédé sert à élever une perpendiculaire au milieu d'une droite donnée.

85. **Problème IV.** Diviser un angle ou un arc donné en
deux parties égales.

Le problème se résout par une perpendiculaire au milieu de la corde AB (61)...

86. **Problème V.** Par un point donné, mener une parallèle à
une droite donnée.

Le problème peut être résolu à l'Équerre, au rapporteur,
ou au Compas.

L'emploi de l'Équerre n'offre pas de difficulté.

Pour user du _Rapporteur_, on mène
d'abord une droite quelconque MC ; on
mesure l'angle m, et on reproduit cet angle en m'...(43).

Si on emploie le _compas_, du point M
on décrit un arc quelconque BK ; du point
B, et avec le même rayon, on décrit l'arc MA ; on porte AM en BK ;
et on mène MK, qui est la ligne demandée.

Le parallélisme se prouve par l'égalité des angles n et n'(43).

87. Problème VI. Construire un triangle avec trois élémens donnés.

1.er Cas. Avec trois côtés a, b, c.

On pose un premier côté a; des points C et B, avec les deux autres côtés pour rayons, on décrit des arcs qui déterminent le sommet A..........

Scolie. Pour que le problème soit possible, il faut et il suffit que le plus grand côté donné soit plus petit que la somme des deux autres.

2.e Cas. Avec un côté a et les deux angles adjacents B et C. La construction se conçoit de suite.

3.e Cas. Avec un côté a, l'angle opposé A, et un autre angle B.

On construit d'abord l'angle B; sur l'un des côtés, on porte la longueur a ; en un point quelconque K de l'autre côté, on fait un angle égal à A; puis on mène CA parallèle à KI ....

Scolie. Dans le 2.e et le 3.e cas, pour que le problème soit possible, il faut et il suffit que les deux angles donnés fassent ensemble moins de 2D.

4.e Cas. Avec deux côtés a et b, et l'angle compris C.

La construction n'offre aucune difficulté; et le problème est toujours possible, quelles que soient les données.

5.e Cas. Avec un angle A, le côté opposé a, et un autre côté b.

On construit l'angle A; sur l'un de ses côtés, on porte le côté b; du point C comme centre et avec a comme rayon, on coupe l'autre côté de l'angle A, ce qui détermine le troisième sommet B.

Scolie. Si l'angle donné est droit ou obtus, le côté qui doit lui être opposé est nécessairement le plus grand côté du triangle.

Si l'angle donné est aigu, et si c'est le petit côté donné qui lui est opposé, il peut y avoir double solution (comme ci-dessus).

88. Problème VII. Par un point donné hors d'un cercle , mener une tangente à la circonférence de ce cercle.

Soit A le point donné hors du cercle O.

Sur OA comme diamètre, on décrit une circonférence, ou seulement l'arc MON.

On mène AM et AN, qui sont des tangentes.

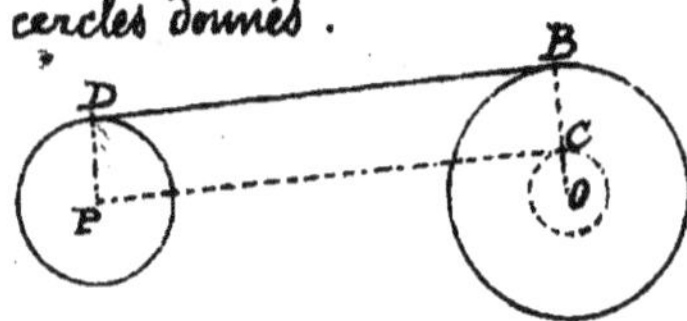

En effet, en menant le rayon OM, on a un angle OMA inscrit dans un demi-cercle; donc (77) cet angle est droit; donc, par rapport au cercle donné O, AM est une perpendiculaire à l'extrémité du rayon OM; donc (66) cette ligne AM est une tangente au cercle O .....

On prouverait de même que AN est une tangente.

89. **Problème VIII.** Mener une tangente commune à deux cercles donnés.

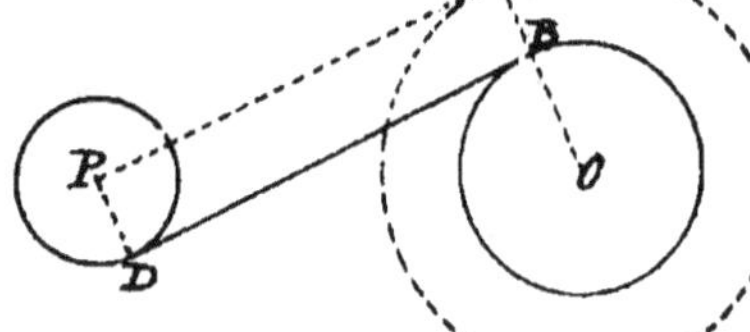

Avec un rayon OC égal à la différence (1ʳᵉ figure) ou à la somme (2ᵉ figure) des rayons des circonférences données, je décris une circonférence auxiliaire; par le point P, centre de la petite circonférence donnée, je mène PC tangente à la circonférence auxiliaire (88); puis je mène les droites OCB et PD perpendiculaires à CP, et enfin BD, qui est une tangente commune aux deux circonférences données.

En effet, dans le quadrilatère CBDP, CB et DP sont égaux et parallèles (38); donc (52) CBDP est un parallélogramme; et à cause des angles droits en C et en P, c'est un rectangle (51); donc BD est perpendiculaire à l'extrémité des rayons OB et PD; donc (66) BD est tangente aux deux cercles donnés.

<u>Scolie.</u> Il y a deux tangentes dites <u>extérieures</u>, et deux autres, <u>intérieures ou croisées.</u>

On retrouve ces figures dans les <u>roues à courroies</u> des machines.

90. **Problème IX.** Inscrire un cercle dans un triangle donné.

On mène les bissectrices de deux angles quelconques,

A et C par exemple ; on a (35) : $OD = OE = OF$.
Donc la circonférence décrite avec OD comme rayon
passera par les points D, E, F, et les côtés du
triangle donné seront perpendiculaires à l'extrémité des rayons
OD, OE, OF ; donc (66) ces côtés seront tangents au cercle......

Exercices. 1º Des sommets d'un triangle
pris comme centres, décrire des circonférences qui
soient tangentes deux à deux.

2º Démontrer que les bissectrices
des angles extérieurs d'un triangle forment
entre elles un nouveau triangle, dont les
sommets servent de centres à des circon —
férentes tangentes aux trois côtés ou à leurs
prolongements.

Ces trois cercles sont appelés ex-inscrits.

3º Démontrer que les hauteurs du triangle
qui a pour sommets les centres des cercles ex-inscrits, sont en même
temps les bissectrices intérieures du triangle primitif.

4º Construire un triangle connaissant les centres des cercles ex-inscrits.

91. Problème X. Sur une droite donnée comme corde, décrire un
segment capable d'un angle donné (C'est-à-dire tel que tout angle
inscrit dans ce segment soit égal à l'angle donné).

1er moyen. Au moyen du compas,
on peut poser la corde donnée m dans l'ouverture de
l'angle, en BC, et faire passer une circonférence par les
trois points A, B, C. BCA est le segment demandé.

2e moyen. On conserve la corde m ; on mène
une droite quelconque BA ; en un point K quelconque, on
fait l'angle donné a ; une parallèle menée par le point C
reproduit cet angle en A'. On décrit alors la circ. A'BC......

Exercice. Étant données de longueur et de position deux
droites m et n, trouver un point K d'où ces droites soient vues
respectivement sous les angles donnés a et b.

92. <u>*Problème XI*</u>. Trouver la commune mesure la plus grande possible entre deux droites données, ou entre deux angles, ou entre deux arcs de même rayon.

$$A \vdash\!\!\!\underline{\quad 24 \quad}\!\!\!\vdash\!\!\!\underline{\quad 24 \quad}\!\!\!\vdash\!\!\!\vert\!\vert\!\vert\, B$$

$$C \vdash\!\!\underline{\,}\!\!\vdash\!\!\underline{\,}\!\!\vdash\!\!\underline{\,}\!\!\vert\!\vert\!\vert\, D$$

Le procédé est analogue à celui qui sert à trouver le plus grand commun diviseur entre deux nombres : on porte la petite ligne CD sur la plus grande AB autant de fois que cela est possible ; le reste se porte sur la petite ligne ; le nouveau reste sur le reste précédent ; et ainsi de suite, jusqu'à ce qu'il n'y ait plus de reste appréciable.

La dernière ligne ainsi portée est la commune mesure cherchée ; et elle sert à établir le rapport qui existe entre les deux lignes données.

Lorsqu'il s'agit d'<u>arcs</u>, on les porte l'un sur l'autre au moyen du compas : en portant des cordes égales, on détermine des arcs égaux.

S'il s'agit de deux <u>angles</u>, on décrit, avec un même rayon, des arcs qui leur servent de mesure ; et c'est sur ces arcs qu'on agit. L'angle qui correspond au dernier arc porté est la commune mesure entre les deux angles.

Dans la figure ci-dessus, on établit le rapport en posant :

$$\frac{a}{b} \quad \text{ou} \quad \frac{AB}{CD} = \frac{24+24+3+3+1}{7+7+7+3} = \frac{55}{24}$$

ou bien $\dfrac{CD}{AB} = \dfrac{24}{55}$; ce qui fait voir que CD est les $\dfrac{24}{55}$ de AB.

Ces résultats peuvent se développer sous la forme de <u>fractions continues</u> :

$$\frac{CD}{AB} = \frac{24}{55} = \cfrac{1}{2+\cfrac{1}{3+\cfrac{1}{2+\cfrac{1}{3}}}}$$

LIVRE III

LES LIGNES PROPORTIONNELLES

93. Lorsqu'on veut <u>comparer</u> deux lignes entre elles, on les mesure à une même unité (mètre, centimètre, millimètre, etc), et on compare les nombres obtenus, en indiquant la division de l'un par l'autre.

On nomme <u>rapport</u> l'énoncé d'une comparaison faite par voie de division, et souvent même le quotient qui en est le résultat.

Ainsi, soient a et b deux lignes dont les longueurs soient respectivement 15 et 20 millimètres. On pose

$$\frac{a}{b} = \frac{15}{20} = \frac{3}{4}.$$

Et on lit : a est à b comme 15 est à 20, ou comme 3 est à 4. D'où l'on voit que a est les 3/4 de b.

94. Une <u>proportion</u> est l'ensemble de plusieurs rapports égaux.

On appelle <u>lignes proportionnelles</u> des lignes qui, comparées entre elles deux à deux, donnent des rapports égaux.

Par exemple, si, avec les deux lignes a et b ci-dessus, on considère deux autres lignes c et d, ayant respectivement 18 et 24 millimètres, on voit que c est les 3/4 de d, comme a est les 3/4 de b.

On pose alors la proportion

$$\frac{a}{b} = \frac{c}{d}$$

a est à b, comme c est à d.

Remarquez qu'il n'est pas nécessaire que l'unité qui sert à mesurer c et d soit la même que celle qui a servi à mesurer a et b....

Le second rapport pourrait même être considéré entre des grandeurs d'une tout autre espèce ; ainsi par exemple, c et d peuvent représenter deux poids dont l'un soit les 3/4 de l'autre ; on peut toujours poser : $\dfrac{a}{b} = \dfrac{c}{d}$.

Théorème I.

95. Si deux droites quelconques sont coupées par des parallèles qui marquent sur l'une d'elles des parties égales, les parties marquées sur l'autre seront aussi égales entre elles.

Soient les deux droites AB et CD, et les parallèles EF, GH, IK, LM, qui marquent sur AB des parties égales. Je dis que les parties marquées sur CD sont aussi égales entre elles.

Pour le prouver, je mène FN et HO, parallèles à AB. EFNG est un parallélogramme (50), ainsi que GHOI; donc (51) $FN = EG = GI = HO$.

Donc les deux triangles FNH et HOK ont un côté égal adjacent à des angles respectivement égaux (41, 42); donc ils sont égaux; donc $FH = HK$. On prouverait de même que $HK = KM$. Donc les parties marquées sur CD sont bien égales entre elles.   C.Q.F.D.

Scolie. Les parties marquées sur CD ne sont pas égales à celles marquées sur AB. On prouve facilement (31) qu'elles sont d'autant plus grandes que CD est plus incliné eu égard aux parallèles.

Théorème II.

96. Toute parallèle à l'un des côtés d'un triangle divise proportionnellement les deux autres côtés.

Soit DE parallèle à BC. Je dis qu'on aura la proportion $\dfrac{AD}{DB} = \dfrac{AE}{EC}$; ce qui veut dire que si AD est par exemple les 3/7 de DB, AE sera aussi les 3/7 de EC.

En effet, dire que AD est les 3/7 de DB, c'est dire que si on divise DB en 7 parties égales, AD vaudra 3 de ces parties; de sorte que la ligne entière AB se trouvera divisée en 10 parties égales.

Par tous les points de division, menons des droites parallèles à BC, et par suite à DE. La droite AC se trouvera de son côté divisée en 10 parties égales entre elles, dont 3 en AE, et 7 en EC; d'où il suit que AE sera bien les 3/7 de EC, tout comme AD est les 3/7 de DB. Et c'est C.Q.F.D.

Cette démonstration est vraie quelque petite que soit la commune mesure qui servira à établir le rapport de AD à DB ; donc on aura toujours $\dfrac{AD}{DB} = \dfrac{AE}{EC}$.

Remarques. 1°. Outre la proportion $\dfrac{AD}{DB} = \dfrac{AE}{EC} \cdots = \dfrac{3}{7}$

il est évident qu'on peut dire aussi ...... $\dfrac{AB}{AD} = \dfrac{AC}{AE} \cdots = \dfrac{10}{3}$

et encore ... — — — ...... $\dfrac{AB}{DB} = \dfrac{AC}{EC} \cdots = \dfrac{10}{7}$

2°. Toute proportion entre quatre quantités , a, b, c, d, peut être posée sous huit aspects différents :

$$\frac{a}{b}=\frac{c}{d} \qquad \frac{c}{d}=\frac{a}{b} \qquad \frac{a}{c}=\frac{b}{d} \qquad \frac{b}{d}=\frac{a}{c}$$

$$\frac{b}{a}=\frac{d}{c} \qquad \frac{d}{c}=\frac{b}{a} \qquad \frac{c}{a}=\frac{d}{b} \qquad \frac{d}{b}=\frac{c}{a}$$

Théorème III.

97. Toute droite qui coupe proportionnellement deux côtés d'un triangle est parallèle au troisième côté.

Soit le triangle ABC, et soit DE une droite qui coupe proportionnellement AB et AC, de sorte qu'on ait, par exemple, AD égal aux $3/5$ de AB, et AE égal aux $3/5$ de AC. Je dis que DE est parallèle à BC.

Pour le prouver, je considère, par le point D, une droite DK parallèle à BC. Cette droite DK coupera proportionnellement AB et AC ; de sorte que AD étant les $3/5$ de AB, AK sera aussi les $3/5$ de AC.

Donc AK est égal à AE ; donc DK et DE se confondent ; donc enfin DE est, comme DK, parallèle à BC. C.Q.F.D.

98. On appelle _polygones semblables_ ceux qui ont les angles respectivement égaux, et les côtés homologues proportionnels.

On appelle _côtés homologues_ ceux qui se correspondent ; ils sont opposés aux angles respectivement égaux.

Le plus grand côté est homologue au plus grand, le plus petit au plus petit, etc.

Tels sont par exemple les deux polygones P et P' qui ont les côtés respectivement parallèles, ce qui amène l'égalité des angles, et qui sont tels que les côtés du premier sont respectivement les moitiés de ceux du second.

Il est facile de voir que les deux conditions mentionnées dans la définition sont également nécessaires pour que les deux polygones soient <u>semblables</u>, pour qu'ils se ressemblent.

Théorème IV.

99. En coupant un triangle par une parallèle à l'un des côtés, on détermine un triangle partiel semblable au triangle total.

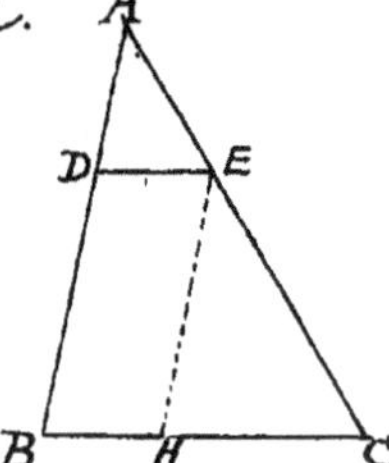

..... En effet, l'angle A est commun ; $D = B$ comme correspondants ; et derrière $E = C$; donc les deux triangles ont les angles respectivement égaux, ce qui est la <u>première condition</u>.

Je dis de plus que ces deux triangles ont leurs côtés homologues proportionnels, de sorte qu'on aura :

$$\frac{AB}{AD} = \frac{AC}{AE} = \frac{BC}{DE}$$

Ce qui veut dire que si AB est par exemple le triple de AD, AC sera aussi le triple de AE, et BC le triple de DE.

Pour le prouver, je mène EH parallèle à AB. BDEH est un parallélogramme (50) ; donc (51) BH = DE.

D'autre part ; à cause de DE parallèle à BC, si AB est le triple de AD, AC sera aussi (96) le triple de AE. Et, à cause de EH parallèle à AB, comme AC est triple de AE, BC sera aussi triple de BH ou de DE.   Donc les côtés du grand triangle sont proportionnels à ceux du petit, ce qui est la <u>deuxième</u> condition de la similitude.

Donc enfin les deux triangles sont semblables.

<u>Exercice.</u> Dans un premier triangle, les trois côtés sont :
$$a = 20^m \qquad b = 36^m \qquad c = 32^m$$
Dans un second triangle semblable au premier, on a $a' = 12^m$. Calculer les deux autres côtés b' et c'.

(La <u>règle à calcul</u> donne immédiatement les résultats.)

Théorème V.

100. Deux triangles qui ont les angles respectivement égaux sont semblables.

.... Supposons le petit triangle posé sur le grand, l'angle A' sur son égal A. On aura $B'' = B' = B$; donc (43) $B''C''$ est parallèle à BC ; donc (99) le triangle ABC est semblable à $AB''C''$, et par suite à $A'B'C'$. C.Q.F.D.

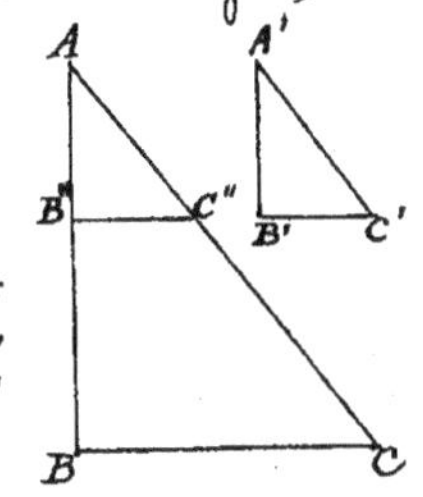

<u>Corollaire</u>. Deux triangles qui ont deux angles respectivement égaux sont semblables.

Théorème VI.

101. Deux triangles qui ont les côtés proportionnels sont semblables.

Soient ABC et $A'B'C'$, tels que les côtés du petit triangle soient, par exemple, le $1/3$ des côtés du grand. Je dis que ces deux triangles sont semblables.

Pour le prouver, je prends $AB'' = A'B'$; et je mène $B''H$ parallèle à BC. Le triangle $AB''H$ est (99) semblable à ABC ; et comme AB'' est le $1/3$ de AB, tous les côtés de $AB''H$ sont le $1/3$ des côtés de ABC. Donc $AH = A'C'$; $B''H = B'C'$. Donc (24) le triangle $AB''H = A'B'C'$. Donc $A'B'C'$ est, comme $AB''H$, semblable à ABC. C.Q.F.D.

Théorème VII.

102. Deux triangles qui ont un angle égal compris entre des côtés proportionnels sont semblables.

.... Soit donné l'angle $A = A'$, et soient de plus $A'B'$ et $A'C'$ égaux respectivement aux $2/3$ de AB et AC.... Imaginons le petit triangle posé sur le grand, l'angle A' sur son égal A. AB'' sera toujours les $2/3$ de AB, et AC'' les $2/3$ de AC ; donc $B''C''$ divise proportionnellement les deux côtés AB et AC ; donc (97) $B''C''$ est parallèle à BC. Donc (99) le triangle $AB''C''$, et par suite $A'B'C'$, est semblable à ABC. C.Q.F.D.

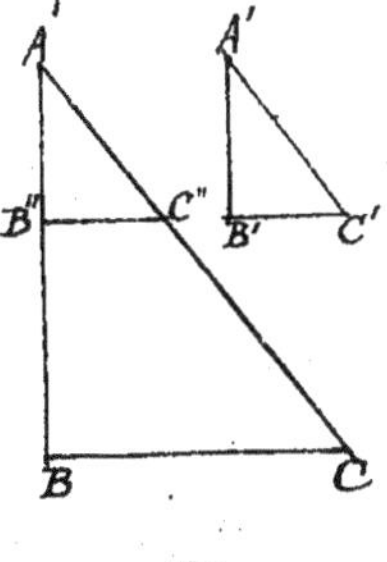

Théorème VIII.

103. Deux triangles qui ont les côtés respectivement parallèles, ou respectivement perpendiculaires, sont semblables.

..... En effet, pour les deux triangles réunis, la somme des six angles doit faire 4 Droits (44); donc (42, 44) on ne peut avoir:

$$A+A' = 2D \qquad B+B' = 2D \qquad C+C' = 2D$$

ni .... $A+A' = 2D \qquad B+B' = 2D \qquad C = C'$

mais seulement $A+A' = 2D \qquad B = B' \qquad C = C'$

et alors on aura aussi $A = A'$; donc (100) les deux tri. sont sembl.. C. Q. F. D.

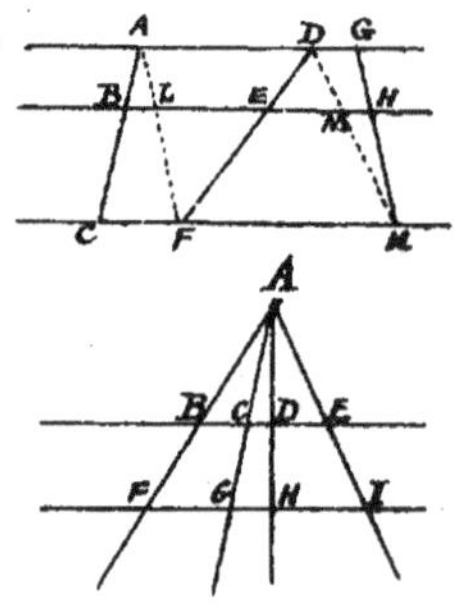

104. Les côtés homologues sont les côtés parallèles ou perpendiculaires.

Exercice. Démontrer directement l'égalité de A et A' (2ᵉ figure) par le quadrilatère ADA'F; de B et B' par le quadrilatère BEB'D; et enfin de C et C' par les triangles GEC et GFC.

105. Exercice. Théorèmes à démontrer.

1º Tout faisceau de parallèles, AG, BH, CK, coupe proportionnellement toutes les droites, AC, DF, GK, qu'il traverse: $\dfrac{AB}{BC} = \dfrac{DE}{EF} = \dfrac{GH}{HK}$

2º Si un faisceau de droites partant d'un même point A est traversé par des parallèles, BE, FI, ces deux parallèles sont coupées proportionnellement: $\dfrac{BC}{FG} = \dfrac{CD}{GH} = \dfrac{DE}{HI}$

3º Dans tout parallélogramme, si l'on considère deux côtés adjacents, et la diagonale qui part du même sommet A, les distances d'un point quelconque de cette diagonale aux deux côtés, sont entre elles inversement comme ces mêmes côtés: $\dfrac{MP}{MR} = \dfrac{AD}{AB}$

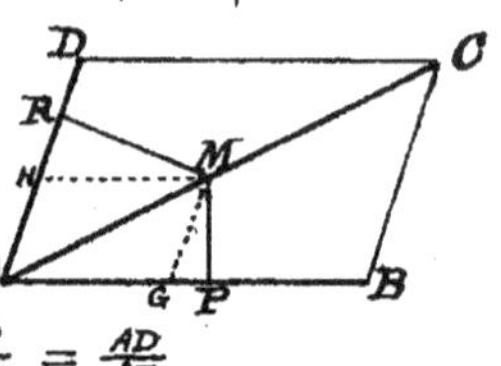

Théorème IX.

106. Toute bissectrice d'un angle d'un triangle marque sur le côté opposé deux segments qui sont entre eux comme les deux autres côtés.

Soit le triangle ACB, et la bissectrice CM. Je dis qu'on a: $\dfrac{MA}{MB} = \dfrac{CA}{CB}$; ce qui veut dire que si CA est par exemple double de CB, MA sera aussi double de MB.

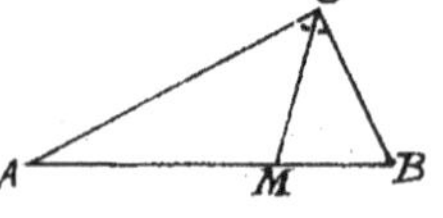

Pour le prouver, je prolonge AC, et je mène BD parallèle à CM. On a $d = o = i = r$ ……

Donc (25) le triangle BCD est isocèle, et $CB = CD$.

D'autre part, à cause de CM parallèle à BD, on a (96) …………

$$\frac{MA}{MB} = \frac{CA}{CD \text{ ou } CB} \qquad C.Q.F.D.$$

107. Scolie. Il est évident que, sans changer la base AB, on peut changer le sommet C (et par suite CA et CB), tout en conservant la relation $\overline{CA} = 2.\overline{CB}$. Alors la bissectrice aboutira toujours en M.

108. Exercice. Démontrer que la bissectrice CN de l'angle extérieur BCD donne une proportion analogue : $\dfrac{NA}{NB} = \dfrac{CA}{CB}$.

Scolie. Des deux théorèmes, on conclura : ……………………

$$\frac{MA}{MB} = \frac{NA}{NB} \qquad \text{et} \qquad \frac{AM}{AN} = \frac{BM}{BN}$$

La droite AN est dite alors <u>divisée harmoniquement</u>. A et B sont deux <u>points conjugués</u>, ainsi que M et N.

$$\boxed{\text{Théorème X.}}$$

109. Deux polygones semblables peuvent être décomposés en un même nombre de triangles semblables chacun à chacun, et semblablement disposés ; et réciproquement.

1° Soient P et P' deux polygones semblables ; et soient les côtés du premier les $2/3$ de ceux du second.

Par la nature des deux polygones (98), on a $B = B'$, et BA et BC sont respectivement les $2/3$ de B'A' et B'C' ; donc (103) les deux triangles ABC et A'B'C' sont semblables.

Donc $m = m'$; et par suite $n = n'$; donc aussi AC est les $2/3$ de A'C' ; mais CD est aussi les $2/3$ de C'D' ; donc (103) les deux triangles ACD et A'C'D' sont semblables.

La <u>similitude</u> des deux autres triangles AED et A'E'D' peut s'établir comme pour les premiers triangles.

2° <u>Réciproque.</u> Les triangles étant donnés semblables chacun à chacun, on a $E = E', B = B'$, $m + n$ ou $C = m' + n'$ ou C', et ainsi de suite.

On a aussi : 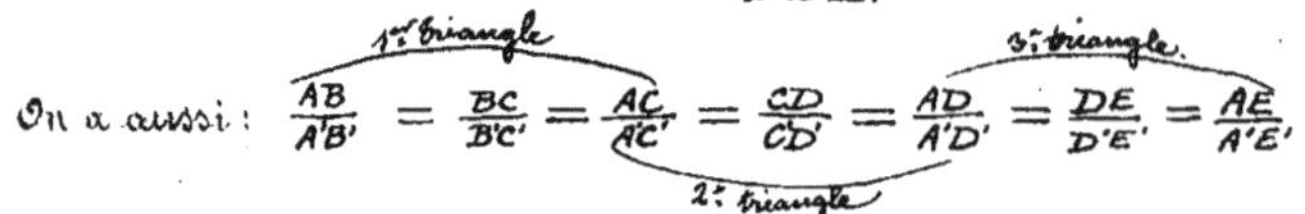

$$\underbrace{\frac{AB}{A'B'} = \frac{BC}{B'C'}}_{1^{er}\ triangle} = \underbrace{\frac{AC}{A'C'}}_{} = \underbrace{\frac{CD}{C'D'}}_{2^e\ triangle} = \underbrace{\frac{AD}{A'D'} = \frac{DE}{D'E'} = \frac{AE}{A'E'}}_{3^e\ triangle}$$

Donc enfin, dans ces deux polygones, les angles sont respectivement égaux, et les côtés homologues sont proportionnels ; donc ces polygones sont semblables.   C.Q.F.D.

Théorème XI.

110. Les périmètres de deux polygones semblables sont entre eux comme deux côtés homologues, ou deux lignes homologues quelconques.

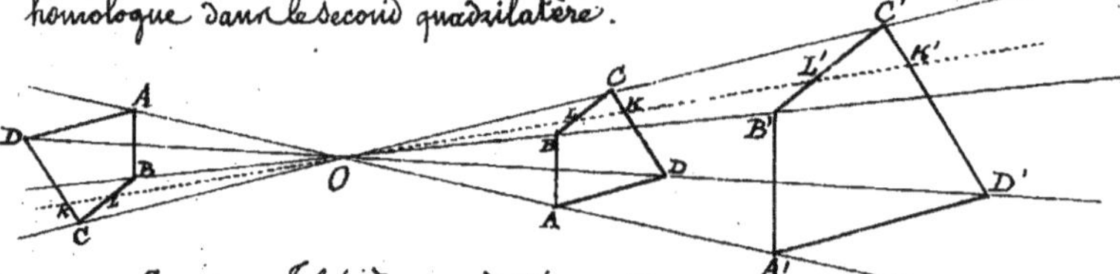

Soient les deux polygones semblables P et P', et soient les côtés du premier respectivement les $\frac{2}{3}$ de ceux du second. On aura : . . . .

$$a = \tfrac{2}{3}\,a'$$
$$b = \tfrac{2}{3}\,b'$$
$$c = \tfrac{2}{3}\,c'$$
$$d = \tfrac{2}{3}\,d'$$

Donc $(a+b+c+d) = \tfrac{2}{3}(a'+b'+c'+d')$. On peut donc poser :

$$\frac{a+b+c+d}{a'+b'+c'+d'} = \frac{a}{a'} = \frac{b}{b'} \cdots = \frac{m}{m'} \cdots \quad C.Q.F.D.$$

111. _Exercice._ Démontrer que dans deux polygones semblables, toutes les dimensions homologues sont proportionnelles.

Exercice. Deux quadrilatères donnés sont semblables ; le côté a de l'un vaut 27^m, et le côté homologue a' de l'autre vaut 17 m. ; Dans le premier, la ligne qui joint les milieux des diagonales a 12 m. Calculer la ligne homologue dans le second quadrilatère.

Exercice. Théorèmes à démontrer.

1° Étant donné un faisceau de droites qui se coupent en un même point O, si l'on porte à partir de ce point des longueurs quelconques, OA, OB, OC, OD, puis d'autres longueurs OA', OB', OC', OD', proportionnelles aux premières, la figure $ABCD$ sera semblable à $A'B'C'D'$.

Le point O est appelé alors <u>centre de similitude</u>.

En égard aux deux figures O' et O'', le point O est un centre de similitude interne ; en égard aux deux figures O' et O'', O est un centre de similitude externe.

Exercices. Théorèmes à démontrer.

1º. Toute sécante menée par le centre de similitude coupe les figures en parties respectivement semblables.

2º. Si deux figures semblables sont disposées de manière à avoir un centre de similitude, toute sécante menée par deux points homologues passe par le centre de similitude.

113. On appelle carré d'un nombre le produit obtenu en multipliant ce nombre par lui-même ;

Carré d'une ligne le carré du nombre qui exprime la longueur de cette ligne ;

Produit de deux lignes, le produit des nombres qui expriment la longueur de ces lignes ;

Rapport ou quotient de deux lignes, le rapport ou quotient des nombres qui expriment la longueur de ces lignes.

Soient a et b deux lignes ayant respectivement 15 et 10 millimètres.

Leur somme .... $a+b$ est   25
Leur différence ..... $a-b$ est —   5
Leur produit .... ab est — 150
Leur rapport ou quotient. $\frac{a}{b}$ est $\frac{15}{10}$ ou $\frac{3}{2}$
Leur carré .... a^2 et b^2 sont — 225 et — 100

$$\boxed{\text{Théorème XII.}}$$

114. Le carré de la somme ou de la différence de deux lignes, égale le carré de la première ligne, plus le carré de la seconde, plus ou moins deux fois le produit de ces deux lignes.

Soient a et b ces deux lignes. On sait, par les éléments d'Algèbre, qu'on a : .....

$$(a \pm b)^2 = a^2 + b^2 \pm 2ab$$

Et c'est précisément ce que dit notre théorème. .....

Vérification sur les deux lignes ci-dessus :

$$\begin{cases} (a+b)^2 = (15+10)^2 = 25^2 = \dots\dots\dots 625 \\ a^2+b^2+2ab = 15^2+10^2+2.15.10 = 225+100+300 = 625 \end{cases}$$

$$\begin{cases} (a-b)^2 = (15-10)^2 = 5^2 = \dots\dots\dots 25 \\ a^2+b^2-2ab = 15^2+10^2-2.15.10 = 225+100-300 = 25 \end{cases}$$

Théorème XIII.

115. La somme de deux lignes, multipliée par leur différence, égale la différence de leurs carrés.

En effet, en Algèbre on apprend que
$$(a+b)(a-b) = a^2-b^2$$

Et c'est précisément ce que dit notre théorème...

Vérification.

$$\begin{cases} (a+b)(a-b) = (15+10)(15-10) = 25.5 = \dots 125 \\ a^2-b^2 = 15^2-10^2 = 225-100 = \dots\dots 125 \end{cases}$$

Exercice. Trouver deux lignes telles que leur différence soit 3 mètres, et la différence de leurs carrés 39.

Théorème XIV.

116. Si du sommet de l'angle droit d'un triangle rectangle, on abaisse une perpendiculaire sur l'hypoténuse,

1º Les deux triangles partiels sont semblables chacun au triangle total, et par suite semblables l'un à l'autre;

2º La perpendiculaire est moyenne proportionnelle* entre les deux segments de l'hypoténuse;

3º Chaque côté de l'angle droit est moyen proportionnel entre l'hypoténuse entière et le segment correspondant.

Soit CAB un triangle rectangle en A, et soit AD une perpendiculaire abaissée du sommet A sur l'hypoténuse BC.

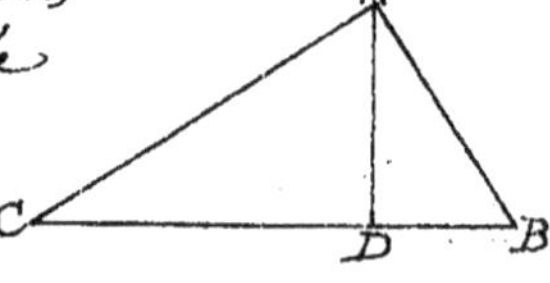

---

* On nomme _moyenne proportionnelle_ une quantité qui se répète au 2ᵉ et au 3ᵉ terme d'une proportion. Tel est 6 dans la proportion $\frac{3}{6} = \frac{6}{12}$.

1.° Le triangle total CAB, et le triangle partiel CAD, sont rectangles, l'un en A, l'autre en D, et ils ont l'angle C commun ; donc (100) ils sont semblables.

La similitude du triangle total avec l'autre triangle partiel s'établit de la même manière. Et il en résulte que les deux triangles partiels sont semblables entre eux.

2.° Les triangles partiels ADC et ADB étant semblables donnent la proportion $\dfrac{m}{\partial} = \dfrac{\partial}{n}$ * C. Q. F. D.

3.° Le triangle total et le triangle partiel de gauche donnent $\dfrac{a}{b} = \dfrac{b}{m}$

Pareillement, le triangle total et le triangle partiel de droite donnent $\dfrac{a}{c} = \dfrac{c}{n}$ C. Q. F. D.

117. *Scolie.* Dans l'égalité $\dfrac{m}{\partial} = \dfrac{\partial}{n}$, si l'on multiplie les deux membres par les dénominateurs ∂ et m, on obtient $\partial^2 = mn$. Donc le carré de la perpendiculaire égale le produit des deux segments de l'hypoténuse.

Les deux autres proportions donnent pareillement :
$$b^2 = am \qquad c^2 = an$$
Donc le carré d'un côté de l'angle droit égale le produit de l'hypoténuse par le segment correspondant.

Vérification des énoncés ci-dessus.
$$\left\{ \begin{array}{l} \partial^2 = 12^2 = \dots\dots 144 \\ mn = 16.9 = \dots\dots 144 \end{array} \right\}$$

$$\left\{ \begin{array}{l} b^2 = 20^2 = \dots\dots 400 \\ am = 25.16 = \dots\dots 400 \end{array} \right\}$$

$$\left\{ \begin{array}{l} a = 25^m \\ b = 20^m \\ c = 15^m \end{array} \right. \left\{ \begin{array}{l} \partial = 12^m \\ m = 16^m \\ n = 9^m \end{array} \right.$$

---

* Pour former sûrement la proportion, il y a deux manières : 1.° prendre un côté du 1.er triangle et son homologue dans le 2.e ; et de même au second rapport ; — 2.° Prendre de suite deux côtés du 1.er triangle, puis les deux homologues dans le second. Dans l'exemple actuel, les deux procédés donnent également $\dfrac{m}{\partial} = \dfrac{\partial}{n}$

Corollaire. Des résultats précédents on tire :

$$1°\quad \frac{b^2}{c^2} = \frac{am}{an} = \frac{m}{n} \cdots\cdots \frac{16}{9}$$

$$2°\begin{cases} \dfrac{a^2}{b^2} = \dfrac{aa}{am} = \dfrac{a}{m} \cdots\cdots \dfrac{25}{16} \\[2mm] \dfrac{a^2}{c^2} = \dfrac{aa}{an} = \dfrac{a}{n} \cdots\cdots \dfrac{25}{9} \end{cases}$$

Donc 1° Les carrés des côtés de l'angle droit sont entre eux comme les segments de l'hypoténuse ;

2° Le carré de l'hypoténuse est au carré d'un côté de l'angle droit, comme l'hypoténuse est au segment correspondant à ce côté.

Exercice. L'hypoténuse d'un certain triangle rectangle a 30 m., l'un des segments m a 20 mètres. Calculer la perpendiculaire et les deux côtés de l'angle droit.

Théorème XV.

118. Dans tout triangle rectangle, le carré de l'hypoténuse égale la somme des carrés des deux côtés de l'angle droit.

En effet, on a (117) :

$$b^2 + c^2 = am + an = a(m+n) = aa = a^2.$$

C.Q.F.D.

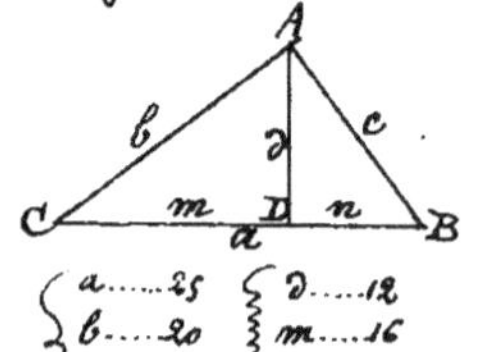

Vérification.

$$\begin{cases} a^2 = 25^2 = \cdots\cdots\cdots 625 \\[2mm] b^2 + c^2 = 20^2 + 15^2 = 400 + 225 = 625 \end{cases}$$

Corollaire. Le carré d'un côté de l'angle droit égale le carré de l'hypoténuse moins le carré de l'autre côté.

Remarque. Les propriétés du triangle rectangle forment l'un des points les plus importants de la Géométrie : elles trouvent leur application dans presque toutes les questions de calcul géométrique.

119. Scolie. Soit AD une perpendiculaire abaissée d'un point quelconque de la circonférence sur le diamètre. Si l'on mène AC et AB, le triangle CAB sera rectangle en A (77) ; donc on aura (117) $d^2 = mn$ ....

Donc toute perpendiculaire abaissée d'un point de la circonférence sur le diamètre est moyenne proportionnelle entre les deux segments du diamètre.

Exercice. Théorèmes à démontrer.   A———x———M z B

1° Étant donnée une droite AB, si l'on promène d'un bout à l'autre un point mobile M, le produit xz des deux segments variera, et il sera *maximum* [*] lorsque le point mobile M sera au milieu de AB.

2° Le carré d'une corde b partant de l'extrémité d'un diamètre a, égale le produit am du diamètre par la *projection* [**] de la corde sur ce même diamètre.

3° Si plusieurs cordes partent de l'extrémité d'un même diamètre, les carrés de ces cordes sont entre eux comme les projections de ces mêmes cordes sur le diamètre.

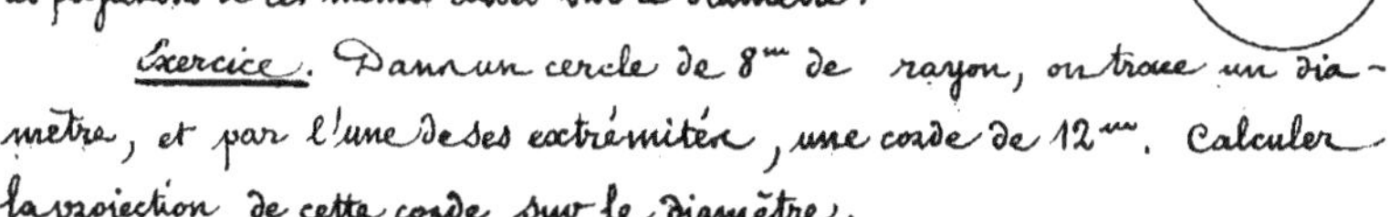

Exercice. Dans un cercle de 8^m de rayon, on trace un diamètre, et par l'une de ses extrémités, une corde de 12^m. Calculer la projection de cette corde sur le diamètre.

Théorème XVI.

120. Dans tout triangle, le carré d'un côté quelconque est *plus* ou *moins* grand que la somme des carrés des deux autres côtés, suivant que l'angle opposé est *obtus* ou *aigu*.

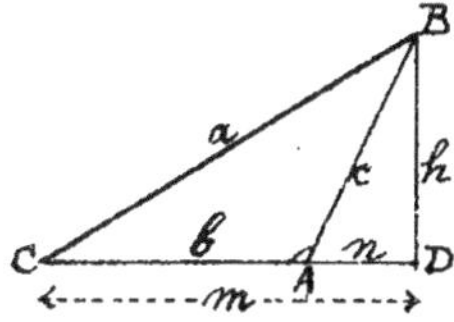 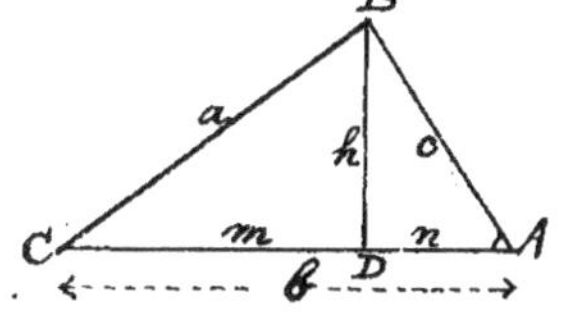 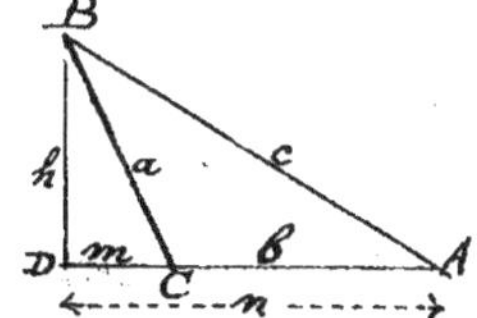

….. En effet on a (114, 118):

(1re figure) $\quad a^2 = m^2 + h^2 = (b+n)^2 + h^2 = b^2 + n^2 + 2bn + h^2 = b^2 + c^2 + 2bn$ …..

(2e —) $\quad a^2 = m^2 + h^2 = (b-n)^2 + h^2 = b^2 + n^2 - 2bn + h^2 = b^2 + c^2 - 2bn$ …..

(3e —) $\quad a^2 = m^2 + h^2 = (n-b)^2 + h^2 = b^2 + n^2 - 2bn + h^2 = b^2 + c^2 - 2bn$ ….. c.q.f.d.

---

[*] *Maximum*, c'est-à-dire le plus grand possible.

[**] La *projection* d'une droite AB sur une autre CD est la partie ab comprise entre les perpendiculaires abaissées des extrémités de la première sur la seconde.

Scolie. 1° Ce qui est en plus ou en moins, c'est deux fois le produit du second côté par la projection du troisième sur le second.

2° Ce théorème doit être regardé comme le complément de celui qui est relatif au triangle rectangle (118).

Exercices. 1° Démontrer que si le carré d'un côté d'un triangle est aussi grand, plus grand, ou plus petit, que la somme des carrés des deux autres côtés, l'angle opposé au premier côté est droit, obtus ou aigu.

2° Construire un triangle connaissant deux côtés a et b, et la projection n du 3ᵉ côté sur le second.

3° Dans un triangle, les côtés ont respectivement 15^m, 30^m et 40^m; déterminer par calcul la nature du plus grand angle.

4° Dans un triangle, on donne $a = 52^m$, $b = 51^m$, $c = 25^m$. Calculer les projections m et n des côtés b et c sur a. Calculer ensuite la hauteur h.

Théorème XVII

121. Dans tout triangle, la somme des carrés de deux côtés quelconques, égale deux fois le carré de la médiane comprise entre eux, plus deux fois le carré de la moitié du troisième côté.

En effet, on a (120) par les deux triangles partiels:
$$a^2 + b^2 = m^2 + d^2 + 2mn + m^2 + d^2 - 2mn = 2d^2 + 2m^2 \dots$$
$$C. Q. F. D.$$

Exercice. Soit un triangle qui ait pour côtés, $a = 20^m$, $b = 21^m$, $c = 30^m$. Calculer les trois médianes de ce triangle.

122. *Exercice.* Démontrer que, dans tout parallélogramme, la somme des carrés des côtés égale la somme des carrés des diagonales: $a^2 + b^2 + c^2 + d^2 = (2m)^2 + (2n)^2$.

123. Démontrer que, dans un quadrilatère quelconque, la somme des carrés des côtés, égale la somme des carrés des diagonales, plus quatre fois le carré de la ligne qui joint les milieux de ces mêmes diagonales.

(On mènera CO et AO, et on appliquera le théorème XVII aux triangles BAD, BCD et AOC....)

Théorème XVIII.

124. Lorsque deux cordes se coupent dans un cercle, le produit des deux segments de l'une égale le produit des deux segments de l'autre.

.... Les triangles AOD et COB ont leurs angles en O égaux ; et de plus, $A = C$, comme ayant pour mesure la moitié du même arc BD (76) ; de même $B = D$. Donc ces triangles sont semblables, et ils donnent $\frac{m}{s} = \frac{r}{n}$; d'où $mn = rs$ .... C. Q. F. D.

Exercices. 1°. Étant donnés les deux segments m et n d'une première corde, et le segment r d'une seconde corde qui coupe la première, trouver graphiquement l'autre segment de la seconde corde.

2°. Étant donnés $m = 15$, $n = 10$, $r = 12$, calculer s.

125. Corollaire. Si une corde tourne autour d'un point fixe pris dans un cercle, le produit des deux segments est constant, quelle que soit la direction de la corde.

Exercice. Démontrer que le produit des deux segments de la corde est d'autant plus grand que le point fixe est plus près du centre, et que le maximum de valeur de ce produit est le carré du rayon.

Théorème XIX.

126. Si deux sécantes partent d'un même point hors d'un cercle, le produit de la première sécante par sa partie extérieure égale le produit de la seconde par sa partie extérieure.

.... Je dis que $\overline{AB} . \overline{AC} = \overline{AD} . \overline{AE}$ *

En effet, les deux triangles ABE et ADC ont un angle égal en A, et de plus, l'angle B de l'un égal D de l'autre (76) ; donc ces deux triangles sont semblables, et ils donnent

$$\frac{AB}{AD} = \frac{AE}{AC} \qquad \text{d'où} \qquad \overline{AB} . \overline{AC} = \overline{AD} . \overline{AE} \qquad \text{C. Q. F. D.}$$

---

* $\overline{AB} . \overline{AC}$ .... Le petit trait indique que AB désigne une simple ligne ; et le point indique la multiplication.

127. *Corollaire.* Si une sécante AB tourne autour de son extrémité extérieure A, le produit de cette sécante par sa partie extérieure reste constant, quelle que soit la direction de la sécante.

Exercices. 1° Étant données une sécante AB, sa partie extérieure AC, et une autre sécante AD qui doit partir du même point A, trouver graphiquement la partie extérieure de cette deuxième sécante.

2° Soit donné $AB = 30$, $AC = 10$, et $AD = 25$, calculer la partie extérieure de AD.

3° Démontrer que le produit de la sécante par sa partie extérieure est d'autant plus grand que l'extrémité extérieure est plus éloignée du cercle.

Théorème XX.

128. Si une sécante et une tangente partent d'un même point hors d'un cercle, le carré de la tangente égale le produit de la sécante par sa partie extérieure.

..... Les deux triangles ABE et ABD ont l'angle A commun ; de plus, l'angle B du premier égale D du second (76, 78) ; donc ces deux triangles sont semblables, et ils donnent : $\dfrac{AD}{AB} = \dfrac{AB}{AE}$ d'où $\overline{AB}^2 = \overline{AD}.\overline{AE}$ C.Q.F.D.

Corollaire. La tangente est moyenne proportionnelle entre la sécante entière et sa partie extérieure.

Scolie. Ce théorème se tire immédiatement du précédent, en considérant l'une des sécantes comme tournant autour du point fixe extérieur, jusqu'à ce que les deux points de rencontre avec la circonférence se confondent en un seul.

Les trois théorèmes précédents peuvent être réunis en un seul énoncé : Si, d'un point fixe pris dans le plan d'un cercle, on mène une sécante quelconque au cercle, le produit des distances du point fixe aux deux points d'intersection est constant, quelle que soit la direction de la sécante.

(Le point fixe peut être pris dans le cercle ou hors du cercle.)

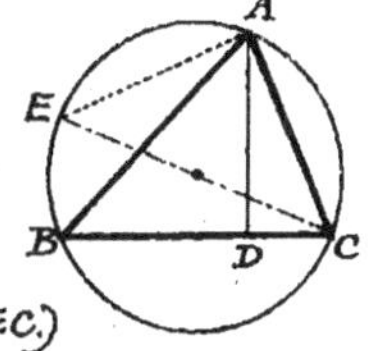

Exercices. 1° Étant données la tangente AB et la sécante CD, trouver graphiquement la partie extérieure de cette sécante.

2° Étant données la sécante AD et sa partie A—C—D extérieure AC, trouver graphiquement la tangente qui part du point A.

3° Mener une circonférence passant par deux points donnés A et B, et tangente à une droite donnée CD.

4° Une tangente vaut 14 m., la sécante qui part du même point 22 m. Calculer la partie extérieure de cette sécante.

5° Une sécante a 40 m, et sa partie extérieure a 10 ^{m}; calculer la tangente partant du même point.

Théorème XXI.

129. Le produit de deux côtés quelconques d'un triangle égale le carré de la bissectrice comprise, plus le produit des deux segments du 3° côté.

..... Les deux triangles ABD et AEC ont leurs angles en A égaux, et de plus B = E (76); donc ils sont semblables, et ils donnent :

$$\frac{c}{\partial+e} = \frac{\partial}{b} \; ; \; \text{d'où } bc = \partial^2+\partial e; \; ou (124) \; bc = \partial^2+mn.$$

C.Q.F.D.

Exercices. Théorèmes à démontrer.

1° Dans un triangle, le produit de deux côtés quelconques AB et AC, égale la hauteur AD qui tombe sur le 3° côté, multipliée par le diamètre du cercle circonscrit.

(On mène AE, et on considère les triangles ABD, AEC.)

2° Dans tout quadrilatère inscrit, le produit $\overline{AC}.\overline{BD}$ des deux diagonales, égale la somme des produits ac et bd des côtés opposés.

(On fait l'angle CBI égal à ABD, et on considère successivement les triangles ABD et CBI, ABI et BDC.)

3° Dans tout quadrilatère non inscriptible, le produit des diagonales est moindre que la somme des produits des côtés opposés. (On fait l'angle ABI = CBD, l'angle BAI = BDC. Et on considère les triangles ABI et BDC, ABD et IBC.....)

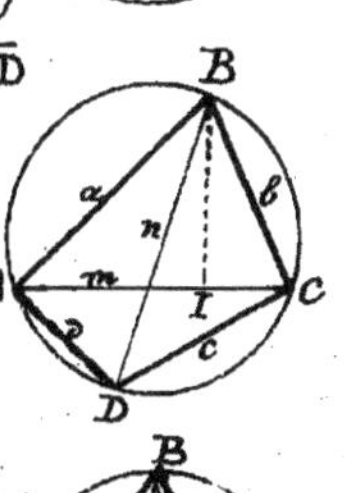

Théorème XXII.

130. Dans un triangle quelconque, le plus grand côté pris comme base, est à la somme des deux autres côtés, comme leur différence, est à la différence des deux segments que la hauteur fait sur la base.

..... Du sommet C opposé au plus grand côté, décrivons une circonférence avec CB pour rayon, et prolongeons AC.......

CD tombe au milieu de FB (61); donc $DB = DF$, on a aussi $CE = CB = CG$, comme rayons. D'ailleurs, les sécantes AB et AF donnent (126):

$$\frac{AB}{AE} = \frac{AG}{AF} \quad ou \quad \frac{AB}{AC+CB} = \frac{AC-CB}{AD-DB} \qquad C.Q.F.D.$$

Scolie. On peut prendre pour base l'un quelconque des côtés; tant que la hauteur tombe dans le triangle, le théorème reste vrai ; si la hauteur tombe en dehors, le 4ᵉ terme de la proportion devient une somme.

Exercice. Les trois côtés d'un triangle sont $a = 52^m$, $b = 41^m$, $c = 15^m$. Calculer les deux segments m et n que forme la hauteur sur le côté a. Calculer ensuite la hauteur.

Problèmes graphiques.

131. *Problème I.* Diviser une droite donnée en un certain nombre de parties égales.

Soit AB à diviser en cinq parties égales. On mène une ligne quelconque AC, sur laquelle on porte cinq parties quelconques, mais égales entre elles; on joint CB; et par les points de division, on mène des parallèles, qui achèvent l'opération (95).

Scolie 1º On peut aussi mesurer la ligne donnée, et procéder par calcul.

2º La construction ci-dessus peut servir à trouver graphiquement le quotient d'un nombre quelconque par un nombre entier.

A une échelle convenable, on trace une ligne qui représente le nombre (quelles que soient des unités); on partage la ligne, et on mesure l'une des divisions, à l'échelle adoptée.

132. _Problème II._ Diviser une droite donnée en parties proportionnelles à des longueurs données, ou à des nombres donnés.

Soit AB à partager proportionnellement à m, n, r.

Sur une droite quelconque AC, on porte les lignes m, n, r ; on joint CB, et on achève par des parallèles à CB............

Scolie. 1°. On peut aussi mesurer la ligne, et procéder par _calcul_. (La _Règle à calcul_ est alors très utile.)

2°. S'il fallait partager AB en parties proportionnelles à 6, 8, 3, on diviserait en 17 parties égales, et on marquerait successivement 6, 8, 3 parties.

3°. La construction ci-dessus permet de partager _graphiquement_ une quantité quelconque proportionnellement des nombres donnés.

Soit à partager 60 billes entre quatre enfants, proportionnellement à leurs âges, 12 ans, 10 ans, 9 ans, 13 ans.

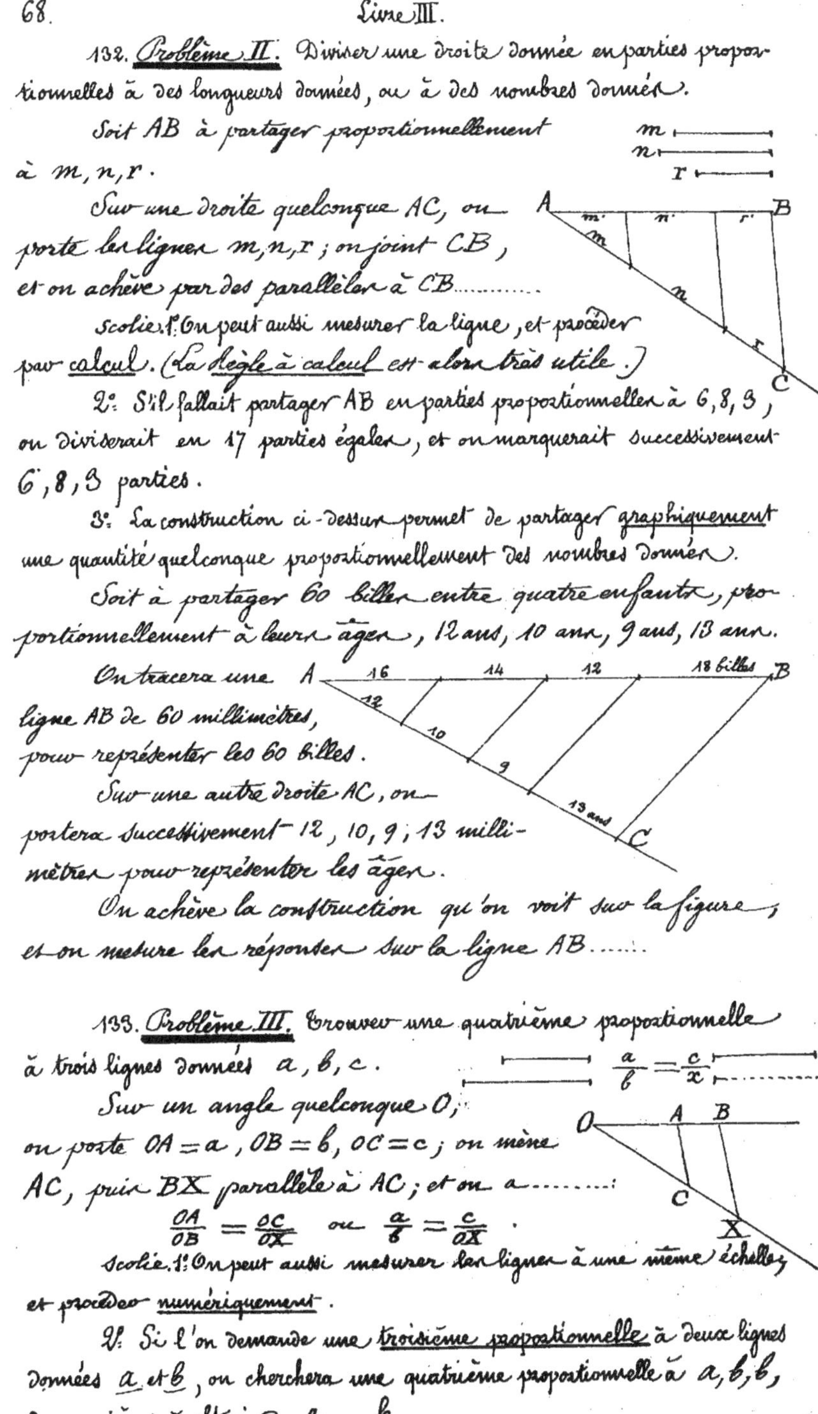

On tracera une ligne AB de 60 millimètres, pour représenter les 60 billes.

Sur une autre droite AC, on portera successivement 12, 10, 9, 13 millimètres pour représenter les âges.

On achève la construction qu'on voit sur la figure ; et on mesure les réponses sur la ligne AB.......

133. _Problème III._ Trouver une quatrième proportionnelle à trois lignes données a, b, c.

Sur un angle quelconque O, on porte $OA = a$, $OB = b$, $OC = c$; on mène AC, puis BX parallèle à AC ; et on a.........
$$\frac{OA}{OB} = \frac{OC}{OX} \quad \text{ou} \quad \frac{a}{b} = \frac{c}{OX}.$$

Scolie. 1°. On peut aussi mesurer les lignes à une même échelle, et procéder _numériquement_.

2°. Si l'on demande une _troisième proportionnelle_ à deux lignes données $\underline{a}$ et $\underline{b}$, on cherchera une quatrième proportionnelle à a, b, b, de manière à obtenir $\frac{a}{b} = \frac{b}{x}$.

La construction précédente peut servir à résoudre graphiquement les questions arithmétiques connues sous le nom de *Règle de trois*.

1er exemple. En une semaine, 25 ouvriers ont fait 354 mètres cubes de terrassement ; combien faut-il d'ouvriers pour faire, dans un temps pareil, un terrassement du même genre, mais qui monte à 432 m³ ?

Sur un angle quelconque O, je porte une longueur OA de 35 millimètres 4/10 pour représenter 354 m³ ; et OC de 43 millim. 2/10 pour 432 m³ ; puis OB de 25 millim. pour représenter 25 ouvriers. Je joins AB, je mène CX parallèle à AB ; et je mesure OX, que je trouve entre 30 et 31 millimètres. Je répondrai à la question qu'il faut 31 ouvriers.

On a en effet $\dfrac{OA}{OB} = \dfrac{OC}{OX}$; ce qui répond à la proportion :

$$\dfrac{354 \text{ m³}}{\text{exigent 25 ouvriers}} = \dfrac{432 \text{ m³}}{\text{demandent à proportion}}$$

2e exemple. 5 métiers ayant chacun 30 bobines, et travaillant 6 h 1/4 par jour, ont filé en 7 jours 8 460 mètres de laine. Combien faudra-t-il de jours à 6 métiers ayant chacun 24 bobines, et travaillant 4 h 2/3 par jour, pour filer 9000 mètres de laine ?

En appliquant les raisonnements ordinaires, on trouve, pour la formule qui indique les opérations à effectuer :

$$x = 7 \cdot \dfrac{5 \cdot 30 \cdot 6¼ \cdot 9000}{6 \cdot 24 \cdot 4⅔ \cdot 8460} \dots = a\,\dfrac{bcde}{pqrs}$$

Je porte OB et OP de 5 et 6 centimètres, pour représenter les métiers ; OC et OQ de 30 et 24 millimètres pour les bobines ; OD et OR de 6 centimèt. 1/4 et 4 2/3 pour les heures ; OE et OS de 9 centimèt. et 8,46 pour les longueurs.

Enfin, je porte OA de 7 centimètres pour 7 jours.

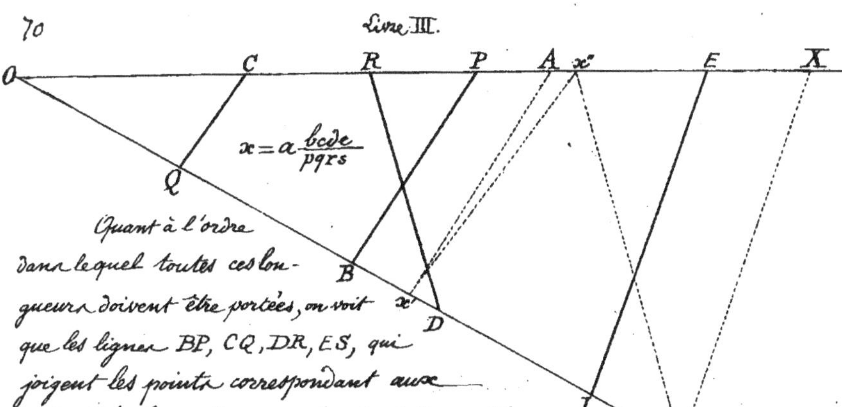

Quant à l'ordre dans lequel toutes ces longueurs doivent être portées, on voit que les lignes BP, CQ, DR, ES, qui joignent les points correspondant aux quantités homogènes, présentent des positions que nous pouvons appeler alternes ; et le point A, que nous avons posé en dernier lieu, est opposé à B.

Pour achever le problème, on part du point A, et on trace la ligne brisée $Ax'x''x'''X$, dont les éléments sont respectivement parallèles aux lignes BP, CQ, DR, ES, qui représentent les <u>conditions du problème</u>.

En portant sur OX la même échelle qui a servi pour OA (1 centimètre pour 1 jour), on lit pour réponse 10 jours $^{4}/_{10}$.

Pour justifier ce procédé, il suffit de remarquer sur la figure qu'on a :

$$\frac{Ox'}{OA} = \frac{OB}{OP} \;\|\; ou \;\; \frac{x'}{a} = \frac{b}{p} \;\|\; d'où \;\; x' = a\frac{b}{p}\,;\; de sorte que$$

la formule $\qquad x = a\dfrac{bcde}{pqrs}$ --------- devient --------- $x = x'\dfrac{cde}{qrs}$

De même $\dfrac{Ox''}{Ox'} = \dfrac{OC}{OQ} \;\|\; ou \;\; \dfrac{x''}{x'} = \dfrac{c}{q} \;\|\; d'où \;\; x'' = x'\dfrac{c}{q} \;\|\; et \;\; x = x''\dfrac{de}{rs}$

De même $\dfrac{Ox'''}{Ox''} = \dfrac{OD}{OR} \;\|\; ou \;\; \dfrac{x'''}{x''} = \dfrac{d}{r} \;\|\; d'où \;\; x''' = x''\dfrac{d}{r} \;\|\; et \;\; x = x'''\dfrac{e}{s}$

Enfin $\dfrac{OX}{Ox'''} = \dfrac{OE}{OS} \;\|\; ou \;\; \dfrac{X}{x'''} = \dfrac{e}{s} \;\|\; d'où \;\; X = x'''\dfrac{e}{s} \;\|\; et \;\; x = X$.

Ce qui veut dire que l'x de la question est bien représenté par la longueur OX ou X.

On arriverait plus directement au résultat, en multipliant membre à membre les égalités $\;\|\; \dfrac{x'}{a} = \dfrac{b}{p} \;\|\; \dfrac{x''}{x'} = \dfrac{c}{q} \;\|\; \dfrac{x'''}{x''} = \dfrac{d}{r} \;\|\; \dfrac{X}{x'''} = \dfrac{e}{s} \;\|\;$

ce qui donne $\dfrac{x'x''x'''X}{a\,x'x''x'''} = \dfrac{bcde}{pqrs}$; d'où $X = a\dfrac{bcde}{pqrs} = x$.

On voit ici pourquoi nous avons défini la <u>Géométrie</u> la science des grandeurs (quelconques) représentées par des figures.

134. *Problème IV.* Trouver une moyenne proportionnelle entre deux lignes données a et b.

$$\frac{a}{x} = \frac{x}{b}$$

On porte a et b sur une même droite MN; puis sur MN comme diamètre on décrit une demi-circonférence; on mène DE perpendiculaire à MN, et on a (119) $\frac{MD}{DE} = \frac{DE}{DN}$.

Scolie. Le problème peut aussi être traité numériquement, en mesurant a et b, et en remarquant que $\frac{a}{x} = \frac{x}{b}$; d'où $x^2 = ab$, et $x = \sqrt{ab}$.

La construction ci-dessus peut servir à extraire graphiquement la racine carrée d'un nombre donné. Soit à trouver $x = \sqrt{117}$

Je décompose 117 en deux facteurs quelconques, par exemple 18 et 6½. Sur une droite MN, je porte successivement 18 millimètres, et 6½. Je mesure la moyenne proportionnelle DE, et je trouve 10 ⁸⁄₁₀ pour la racine carrée de 117.

135. *Problème V.* Partager une droite donnée a en moyenne et extrême raison (c'est-à-dire en deux parties m et n telles que l'on ait $\frac{a}{m} = \frac{m}{n}$.) C'est ce que les anciens appelaient section divine.

On mène BC perpendiculaire à AB, et égal à ½ a; avec CB comme rayon, on décrit un arc en BG; on mène AC, puis on porte AG en AD, et la division demandée est faite.

En effet, on a (128) :

$$\frac{AE}{AB} = \frac{AB}{AG} = \frac{AE-AB}{AB-AG}$$

ou $\frac{AB}{AG} = \frac{AG}{DB}$ ou enfin $\frac{a}{m} = \frac{m}{n}$. *C.Q.F. Trouver.*

136. *Scolie.* 1° La proportion $\frac{a}{m} = \frac{m}{n}$ donne $m^2 = an$. Donc le carré du grand segment égale le produit de la ligne entière par le petit segment.

2° Le triangle rectangle ABC donne (118): $\overline{AC}^2 = \overline{AB}^2 + \overline{BC}^2$ ....; ou $(m + \tfrac12 a)^2 = a^2 + \tfrac14 a^2 = \tfrac54 a^2$; d'où $m + \tfrac12 a = \tfrac12 a\sqrt{5}$ ....; d'où $m = \tfrac12 a (\sqrt{5} - 1)$, égale environ $a(0,618)$. Ainsi, le grand segment m vaut environ les 618/1000 de la ligne entière.

LIVRE IV.
LES POLYGONES RÉGULIERS.

Nous savons déjà (46 et suivants) qu'un polygone est dit régulier lorsqu'il a tous ses côtés égaux et tous ses angles égaux.

Son angle intérieur vaut $\dfrac{2D(n-2)}{n}$, et son angle extérieur $\dfrac{4D}{n}$.

Théorème I.

137. Si une circonférence est divisée en un certain nombre de parties égales, on peut obtenir un polygone régulier, en joignant par des cordes les points de division.

Soit le cas d'une circonférence divisée en cinq parties égales. Les cinq arcs sont égaux ; donc (60) les cinq cordes sont égales : 1ère condition.

D'autre part, chaque angle est inscrit, et embrasse trois des cinq arcs égaux ; donc (76) tous les angles sont égaux, ce qui est la 2ᵉ condition. Donc enfin le polygone est régulier.

138. Un polygone est dit inscrit lorsque tous ses sommets sont sur la circonférence d'un cercle ; et circonscrit lorsque tous ses côtés sont tangents à une même circonférence. Le cercle est dit alors circonscrit ou inscrit au polygone.

Théorème II.

139. Tout polygone régulier peut être inscrit et circonscrit au cercle.

Soit donné un heptagone régulier ABCDEFG.

1° Faisons passer un arc par les trois sommets A, B, C. Soit O le centre de cet arc ; menons OH perp. à la corde BC ; menons aussi le rayon OA, et la ligne OD.

En faisant tourner le quadrilatère OHCD autour de OH, ce quadrilatère couvrira exactement OHBA, comme on le voit facilement en suivant les côtés et les angles dans l'ordre OHCD, OHBA ....

Donc OD = OA ; donc l'arc ABC passera par le point D.

On prouverait de même que cet arc passera par E, puis par F, et par G. Donc le polygone donné se trouve inscrit dans la circonférence.

2° Par rapport au cercle circonscrit, les côtés du polygone sont des cordes égales, et par suite (64) également éloignées du centre. Donc toutes les perpendiculaires OH, OI, OJ..... sont égales; donc la circonférence décrite avec OH pour rayon passera par les points H, I, J, K, L; et les côtés du polygone donné seront tangents à la circonférence (66).

Donc le polygone sera circonscrit à cette circonférence.

141. *Scolie.* C'est le même point qui est à la fois le centre du cercle inscrit, et le centre du cercle circonscrit. Ce point est appelé centre du polygone.

Le rayon du cercle circonscrit est dit le rayon du polygone; et le rayon du cercle inscrit est appelé l'apothème du polygone.

142. *Scolie.* 1° Les rayons d'un polygone régulier divisent ce polygone en triangles centraux isocèles, et égaux entre eux.

2° Chaque rayon est bissecteur de l'angle au sommet duquel il aboutit.

3° Tous les angles centraux d'un polygone régulier sont égaux, et chacun d'eux vaut $\dfrac{4D}{n}$.

4° Les apothèmes sont bissecteurs des angles centraux.

Exercice. Démontrer les vérités énoncées dans ce Scolie.

$$\boxed{\text{Théorème III.}}$$

143. Deux polygones réguliers d'un même nombre de côtés sont semblables.

Soient deux hexagones réguliers A et B. Dans l'un comme dans l'autre, l'angle vaut (48) $\dfrac{8D}{6}$; donc les angles du premier sont égaux aux angles du second : 1ʳᵉ condition.

D'autre part, si chaque côté du premier a 5 mètres, et chaque côté du second 8 m, on a identiquement $\dfrac{a}{a'} = \dfrac{b}{b'} = \dfrac{c}{c'} \cdots = \dfrac{5}{8}$. Donc les côtés sont proportionnels : 2ᵐᵉ condition.

Donc les deux polygones sont semblables. C.Q.F.D.

144. _Corollaire_. Dans deux polygones réguliers d'un même nombre de côtés, les périmètres sont entre eux comme les rayons, et aussi comme les apothèmes (111).

Théorème IV.

145. Étant donné un polygone régulier inscrit, on peut construire le polygone régulier circonscrit semblable, aussi bien que l'inscrit et le circonscrit d'un nombre de côtés double.

On sait déjà (140) que tous les côtés d'un polygone régulier sont tangents au cercle inscrit, en des points équidistants, lesquels points sont les pieds des apothèmes. Or (66, coroll 2ᵉ), par les pieds des apothèmes, il n'y a pas d'autres tangentes possibles. Si donc on effaçait le polygone, on pourrait le retrouver par des tangentes menées en des points équidistants. Donc si une circonférence est divisée en un certain nombre de parties égales, on obtient un polygone régulier en menant des tangentes par les divers points de division.

Et c'est ainsi qu'étant donné le pentagone régulier inscrit ABCDE, on peut obtenir le pentagone régulier circonscrit FGHJK.

De plus, chacun des cinq arcs égaux de la circonférence peut être divisé en deux (85); et alors la circonférence entière se trouvera divisée en 10 parties égales, ce qui permettra de construire un décagone régulier inscrit, et un circonscrit.

Théorème V.

146. Dans un cercle donné, on peut inscrire un carré, et par suite tout polygone régulier dont le nombre de côtés est exprimé par 2^n.

En effet, en croisant deux diamètres perpendiculaires, on forme quatre angles centraux droits, et par conséquent, on divise la circonférence en quatre parties égales .... (58 ... 137) .....

Les polygones réguliers de 8, 16, 32, 64 ... côtés, s'obtiennent en subdivisant les arcs AB, BC, etc, en 2, 4, 8 ... parties égales.

147. *Scolie.* 1°. Le triangle rectangle et isocèle AOB donne : $c^2 = r^2 + r^2$ ou $c^2 = 2r^2$; d'où $c = r\sqrt{2} = r\,(1,414...)$; de sorte que si le rayon du cercle est de 1 mètre, le côté du carré inscrit sera de $1^m,414$, à 1 millim. près.

2°. Le triangle rectangle et isocèle ABC donne aussi : $\overline{AC}^2 = c^2 + c^2$, ou $\overline{AC}^2 = 2c^2$. Donc le carré de la diagonale vaut deux fois le carré du côté.

3°. Les deux triangles ABC et AOB sont semblables.... ; et ils donnent — : $\dfrac{AC}{AB} = \dfrac{AB}{AO}$, ou $\dfrac{2r}{c} = \dfrac{c}{r}$. Donc le côté du carré inscrit est une moyenne proportionnelle entre le rayon et le diamètre du cercle. a———b———

Exercice. Trouver, par la construction d'un carré, une moyenne proportionnelle entre deux droites données a et b, l'une étant double de l'autre.

$$\boxed{\text{Théorème VI.}}$$

148. Le côté de l'hexagone régulier inscrit égale le rayon du cercle circonscrit.

Soit AB le côté de l'hexagone régulier inscrit. Dans le triangle AOB, l'angle O vaut $\dfrac{360°}{6}$ ou 60 degrés ; et ce triangle étant isocèle, les deux autres angles, en A et B, se partagent les 120 degrés qui restent ; ils valent donc chacun 60° ; donc AOB est un triangle équilatéral ; donc AB = AO.... C.Q.F.D.

149. *Scolie.* 1°. En joignant les points de deux en deux, on obtient le triangle équilatéral inscrit ACE (137).

2°. En divisant les arcs AB, BC, CD,.... en deux, quatre, huit.... parties égales, on peut construire les polygones réguliers de 12, 24, 48, 96... côtés. Dans toute cette famille, le nombre des côtés a pour expression générale 3.2^n.

3°. La figure ABCO est un losange......; donc (53) AC et OB sont perpendiculaires, et se coupent en leurs milieux.

4°. La ligne BE, qui joint deux sommets opposés, partage la circonférence en deux parties égales ; donc cette ligne BE est un diamètre.

Le triangle EAB est rectangle en A (77), donc on a (118) : .... $c^2 + r^2 = (2r)^2$, ou $c^2 + r^2 = 4r^2$; d'où $c^2 = 3r^2$; d'où $c = r\sqrt{3} = r\,(1,732.....)$.

Donc si le rayon a 1 m., le côté du triangle équilatéral inscrit sera $1^m,732$, à un millimètre près.

Exercice. Calculer le côté du triangle équilatéral inscrit dans un cercle de $3^m,50$ de diamètre.

Livre IV.

Théorème VII.

150. Le côté du décagone régulier inscrit égale le grand segment du rayon divisé en moyenne et extrême raison (135).

Soit AB le côté du décagone régulier inscrit. Menons les rayons OA et OB, et BM, bissectrice de l'angle OBA.

Le triangle total AOB est isocèle (58); l'angle central O vaut $\frac{360°}{10}$ ou 36°; il reste donc pour A et B 180° − 36° ou 144°, ce qui fait 72° pour chacun d'eux; donc les petits angles formés en B par la bissectrice BM valent chacun 36 degrés.

Donc le triangle BMO est isocèle; ainsi OM = MB.

D'autre part, le triangle ABM a en B un angle de 36°; et en A un angle de 72°; il en résulte que son angle en M est aussi de 72°. Donc ce triangle est isocèle; ainsi on a: AB = BM = OM.

Or la bissectrice BM donne (106): $\frac{BO}{BA} = \frac{MO}{MA}$ ou $\frac{OA}{OM} = \frac{OM}{MA}$. Cette proportion fait voir que le rayon OA se trouve divisé en M en moyenne et extrême raison (135); et on voit que AB, côté du décagone régulier, égale OM, c'est-à-dire le plus grand segment du rayon divisé en moyenne et extrême raison. Et c'est CQFD.

151. *Scolie*. 1° En joignant les points de deux en deux, on obtient le pentagone régulier inscrit.

En subdivisant les arcs AB, BC, CD, etc, en 2, 4, 8....parties égales, on obtient les polygones réguliers de 20, 40, 80....côtés.

Dans cette famille, le nombre des côtés est représenté par $5 . 2^n$

152. 2° On a (136, 2°) pour le côté du décagone régulier inscrit: $c = \frac{1}{2} r (\sqrt{5} - 1)$, égale environ $r (0,618)$. De sorte que si le rayon est de 1ᵐ, le côté du décagone régulier inscrit sera de 0,618, à 1 millim. près.

153. 3° Si, à partir d'un même point A pris sur une circonférence, on marque un arc ACB égal au 1/6 de la circonférence, et un autre arc AC égal au 1/10 de la circonférence, la différence CB vaudra $\frac{1}{6} - \frac{1}{10}$ ou $\frac{1}{15}$ de la circonférence. Donc la corde BC est le côté du pentédécagone régulier (15 côtés).

En subdivisant l'arc BC en 2, 4, 8.... parties égales, on obtiendrait les polygones réguliers de 30, 60, 120.... côtés, nombres qui ont pour forme générale 15.2^n.

154. 4° On démontre qu'on peut aussi construire géométriquement le polygone de 17 côtés, et ceux dont le nombre de côtés est représenté par 17.2^n; puis celui de 257 côtés, et ceux dont le nombre de côtés est représenté par 257.2^n; et enfin, comme loi générale, tout polygone dont le nombre de côtés est de la forme $(2^n+1)\,2^n$, pourvu que 2^n+1 soit un <u>nombre premier</u>.

Voici donc, par ordre.. les parties égales en lesquelles la circonférence peut être divisée :

1 [2] [3] 4 [5] 6 8 10 12 [15] 16 [17] 20 24 30 32 34 40 48 60 64 68 80 96 120 128 136 160 192 240 256 [257] 272 320 384 480 512 514 544 640 768 960 1024 1028 1088 1280 ......

155. 5° On ne doit pas donner une importance exagérée aux procédés géométriques rigoureux ; dans bien des cas pratiques, un tâtonnement mené avec avec adresse donne la division que l'on cherche, avec toute l'exactitude que pourraient fournir les constructions rigoureuses.

On peut chercher ce qu'est, par rapport au rayon, le côté de chaque polygone régulier, soit inscrit, soit circonscrit. Des calculs empruntés à la <u>Trigonométrie</u> nous permettent de résoudre cette question d'une manière suffisamment approchée, même pour les polygones qu'on ne sait pas construire géométriquement.

Nous supposerons un rayon de 1 mètre. Pour un rayon de 2, 3, 4... mètres, il suffirait de multiplier par 2, 3, 4.... les valeurs ci-après.

Nombre des côtés.	Côté du polyg. inscrit.	Côté du p. circonscrit.
3	$1^m 732$	$3^m 464$
4	$1^m 414$	$2^m 000$
5	$1^m 176$	$1^m 453$
6	$1^m 000$	$1^m 155$
7	$0^m 868$	$0^m 963$
8	$0^m 765$	$0^m 828$
9	$0^m 684$	$0^m 728$
10	$0^m 618$	$0^m 650$

Théorème VIII.

156. Étant donnés un rayon et une corde du même cercle, on peut calculer la corde qui soutend l'arc moitié, aussi bien que la corde qui soutend l'arc double.

1º Soient donnés le rayon r et la corde c. Je dis qu'on peut calculer la corde c' qui soutend l'arc moitié.

En effet, dans le triangle rectangle ADO, avec r et $\frac{1}{2}c$, on trouvera s (118, coroll.); en retranchant s de r on aura u ; et enfin, dans le triangle rectangle ADC, avec u et $\frac{1}{2}c$, on trouvera c' (118)......

Exemple du calcul. Soit $r = 15^m$ et $c = 24^m$.

r^2 225			u^2 36	
$(\frac{1}{2}c)^2$ 144			$(\frac{1}{2}c)^2$ 144	
Différence . 81			Somme ... 180	
$\sqrt{}$ ...... 9 ...... s			$\sqrt{}$ ...... $13,42^m$ .... c'	
r 15				
Différence .. 6 ...... u			Telle est la réponse.	

2º Soient donnés le rayon r et la corde c'. Je dis qu'on peut calculer la corde c qui soutend l'arc double.

En effet, dans le triangle AOC, $OC = r$ aussi bien que OA, et on a (120) : $c'^2 = r^2 + r^2 - 2rs$. De cette relation, on tirera la valeur de s, qui servira à trouver u ; et enfin, avec u et c', on trouvera $\frac{1}{2}c$......

Exemple du calcul. Soit $r = 15^m$ et $c' = 13^m42$.

r^2 225			c'^2 180	
2 fois 450			u^2 36	
c'^2 180			Somme ... 144	
Différence 270			$\sqrt{}$ 12	
$2r$ 30			2 fois ..... 24 c	
Quotient - 9 ...... s				
r 15			Telle est la réponse.	
Différence 6 ...... u				

157. _Scolie._ 1º Si, au lieu d'exécuter les calculs sur un exemple, on se contente de les indiquer sur les symboles généraux, on trouve immédiatement la formule suivante, pour le passage de c à c' :

$$c' = \sqrt{\tfrac{1}{4}c^2 + (r - \sqrt{r^2 - \tfrac{1}{4}c^2})^2}$$

Dans la relation plus haut $c'^2 = r^2 + r^2 - 2rs$, on peut remplacer s par sa valeur $\sqrt{r^2 - \tfrac{1}{4}c^2}$, que fournit le triangle ADO, et on obtiendra :

$$c' = \sqrt{2r\,(r - \sqrt{r^2 - \tfrac{1}{4}c^2})}$$

On obtient une formule plus symétrique par divers artifices de calcul :

$$c'^2 = 2r^2 - 2r\sqrt{r^2 - \tfrac{1}{4}c^2} + \tfrac{1}{2}cr - \tfrac{1}{2}cr$$
$$c'^2 = \overline{r^2 + \tfrac{1}{2}cr} + \overline{r^2 - \tfrac{1}{2}cr} - 2\sqrt{r(r + \tfrac{1}{2}c)\cdot r(r - \tfrac{1}{2}c)}$$
$$c'^2 = \sqrt{r^2 + \tfrac{1}{2}cr}^{\,2} + \sqrt{r^2 - \tfrac{1}{2}cr}^{\,2} - 2\sqrt{r^2 + \tfrac{1}{2}cr}\,\sqrt{r^2 - \tfrac{1}{2}cr}$$
$$c'^2 = \left(\sqrt{r^2 + \tfrac{1}{2}cr} - \sqrt{r^2 - \tfrac{1}{2}cr}\right)^2$$

D'où ....
$$c' = \sqrt{r^2 + \tfrac{1}{2}cr} - \sqrt{r^2 - \tfrac{1}{2}cr}$$

Et si $r = 1$, ...
$$c' = \sqrt{1 + \tfrac{1}{2}c} - \sqrt{1 - \tfrac{1}{2}c}$$

158. 2º Si c est le côté d'un polygone régulier de n côtés, c' sera le côté d'un polygone régulier inscrit de $2n$ côtés. En multipliant les deux membres de l'égalité ci-dessus par $2n$, le premier membre deviendra $2n.c'$ ou p', périmètre du nouveau polygone.

D'autre part, le côté c, qui est sous les radicaux, est la $\frac{1}{n}$ partie du périmètre p ; on peut donc le remplacer par $\frac{p}{n}$. Et la formule devient :

Pour $r = 1$ ......
$$p' = 2n\sqrt{1 + \tfrac{1}{2n}p} - 2n\sqrt{1 - \tfrac{1}{2n}p}$$

Application. Considérons un carré inscrit dans un cercle de 1m de rayon. Le côté est, comme on sait déjà (146), 1ᵐ,414.... ; le périmètre p sera 5ᵐ,656. n vaut 4. Calculons p', périmètre de l'octog. inscrit.

$\tfrac{1}{8}p$ 0,707		$r - \tfrac{1}{8}p$ 0.293	
r 1.000		$\sqrt{}$ .... 0.542 ... 0,542	
$r + \tfrac{1}{8}p$ ... 1.707		Diffᶜᵉ des deux $\sqrt{}$ 0.765	
$\sqrt{}$ .... 1.307 ... 1.307		8 fois .... 6.120 .... p'	

(Tous ces calculs sont faits ici à un millimètre près, à l'aide de la <u>Règle à calcul</u> ou <u>Règle de Gunter</u>.)

Théorème IX.

159. Connaissant le rayon et une corde d'un même cercle, on peut calculer la tangente parallèle à la corde, et limitée par les rayons qui passent par les extrémités de cette même corde:

Désignons par c la corde donnée AB, et par C la tangente cherchée EF.

Les deux triangles semblables (99) EOF et AOB donnent, par la proportionnalité de toutes les dimensions :

$$\frac{C}{c} = \frac{s+u}{s} \quad \| \quad \text{ou} \quad \frac{C}{c} = \frac{r}{\sqrt{r^2 - \tfrac{1}{4}c^2}} \quad \| \quad \text{d'où} \quad C = \frac{cr}{\sqrt{r^2 - \tfrac{1}{4}c^2}}$$

$$EF = C$$
$$AB = c$$

Application. Soit $r = 15^m$ et $c = 24^m$.

r^2 225			s 9	
$\tfrac{1}{4}c^2$ ou $(\tfrac{1}{2}c)^2$ 144			cr 360	
Différence 81			Quotient. 40^m C	
$\sqrt{}$ .... 9 .... s			Telle est la réponse.	

160. Scolie. Si c est le côté d'un polygone régulier inscrit de n côtés, C sera le côté du polygone circonscrit semblable.

En multipliant par n les deux membres de la relation ci-dessus, le premier membre deviendra nC ou P, périmètre du polygone circonscrit ; c pourra être remplacé par sa valeur $\frac{p}{n}$, p étant le périmètre du polygone inscrit. Et on aura :

$$P = \frac{pr}{\sqrt{\dfrac{4n^2r^2 - p^2}{4n^2}}} = \frac{2prn}{\sqrt{4n^2r^2 - p^2}}$$

Application. Considérons un hexagone régulier inscrit dans un cercle de 1^m de rayon. Le périmètre p sera (148) de 6^m. Calculons le périmètre P de l'hexagone régulier circonscrit : Ici $n = 6$.

$4n^2r^2$ 144			$2prn$ ...... 72 ..... Numérateur.	
p^2 36			Dénomin. 10,4	
Différence 108			Quotient 6,93 .... P	
$\sqrt{}$ ...... 10,4 ... Dénom.			Telle est la réponse.	

Exercice. Appliquer ces mêmes calculs en partant du triangle équilatéral, dont le périmètre est $S = 196$

161. On appelle <u>figures isopérimètres</u> des figures qui présentent la même longueur dans le développement de leur contour, quelle que soit d'ailleurs leur forme.

Un triangle, un carré, un cercle,... peuvent être isopérimètres.

Théorème X.

162. Connaissant le rayon et l'apothème d'un polygone régulier quelconque, on peut calculer le rayon et l'apothème du polygone régulier isopérimètre qui a un nombre de côtés double.

Soit AOB l'un des triangles centraux du polygone donné. AB ou c est le côté; OA ou r le rayon; OH ou a l'apothème.

Prolongeons HO jusqu'en G; menons GA et GB; puis OD perp. à GA, et enfin DE parallèle à AB.

OD tombe (61) au milieu de GA; donc le triangle DGE a toutes ses dimensions moitiés de celles du triangle AGB, qui lui est semblable (99). Ainsi DE est moitié de AB; donc DE est juste égal au côté du polyg. inconnu.

D'autre part, l'angle G, inscrit, est moitié de l'angle central O; donc G est égal à l'angle central du polygone inconnu.

Donc enfin le triangle DGE est égal à l'un des triangles centraux du polygone inconnu. GD est donc le rayon r' de ce polygone; et GF l'apothème a'.

Cherchons donc à exprimer a' et r' en fonction des données a et r.

1° A cause des triangles semblables AGB et DGE, on a ....
$\overline{GF} = \frac{1}{2}\overline{GH}$, ou .... $a' = \frac{r+a}{2}$ ....

2° Le triangle ODG, rectangle en D, donne (117) : $\overline{GD}^2 = \overline{GO}.\overline{GF}$
ou ..... $r'^2 = ra'$; d'où ..... $r' = \sqrt{ra'}$ ....

Scolie. 1° On voit que a' est une <u>moyenne arithmétique</u> entre r et a, et r' une <u>moyenne géométrique</u> entre r et a'.

2° On voit que le nombre des côtés n'entre ici pour rien, et par suite que la question peut s'appliquer à deux cordes, et à leurs distances du centre.

<u>Application</u>. Considérons un hexagone régulier inscrit dans un cercle de 1ᵐ de rayon.

Le côté sera (148) de 1ᵐ, et le périmètre de 6ᵐ.

Calculons l'apothème a.

Le triangle ODB donne (118, coroll.) :...........

$$a^2 = r^2 - (\tfrac{1}{2}r)^2 = r^2 - \tfrac{1}{4}r^2 = \tfrac{3}{4}r^2 \ ; \ d'où \ a = \tfrac{1}{2}r\sqrt{3} = \tfrac{1}{2}(1,732) = 0,\overline{866}$$

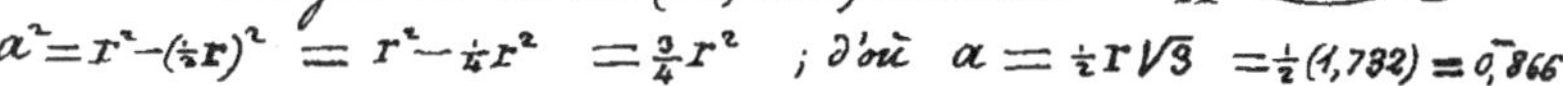

Calculons maintenant le rayon r' et l'apothème a', du dodécagone (12 côtés) régulier isopérimètre, par les formules ci-dessus.

r............1ᵐ.000		r............1.000	
a..........0.866		a'.......0.933	
Somme.....1.866		Produit.....0.933	
La ½......0ᵐ.933......a'		$\sqrt{\ }$..........0.966......r'	

<u>Scolie</u>. Si l'on continue ces calculs sur les polygones de 24, 48, 96... côtés, le polygone, sans changer de périmètre, s'arrondit de plus en plus, et la différence entre le rayon et l'apothème tend vers zéro.

<u>Exercice</u>. D'après les résultats du calcul ci-dessus, calculer le rayon et l'apothème du polygone de 24 côtés, et de 6 mètres de périmètre.

163. En Mathématiques, on appelle <u>variable</u> une quantité qui passe successivement par plusieurs états de grandeur ;

Et on nomme <u>limite</u> une grandeur fixe de laquelle une variable s'approche d'aussi près que l'on veut, sans néanmoins jamais l'atteindre.

Ainsi, si l'on considère le nombre des côtés d'un polygone inscrit comme augmentant indéfiniment ; ce <u>polygone</u> est alors une variable tendant vers le <u>cercle</u>, qui est sa limite. — Le <u>périmètre</u> du polygone est aussi une variable tendant vers la <u>circonférence</u>, qui est sa limite. — Si le polygone est régulier, son <u>apothème</u> est une troisième variable, tendant vers le <u>rayon</u>, qui est sa limite.

Les mêmes considérations peuvent se répéter pour un polygone circonscrit.

164. Le principe fondamental de la <u>théorie des limites</u> est que, si une variable jouit de certaines propriétés pendant toute la durée de ses variations, ces propriétés ont lieu également dans la limite.

C'est pourquoi on peut transporter au cercle les propriétés des polygones réguliers inscrits ou circonscrits, et même celles des polygones inscrits et circonscrits quelconques. C'est la _méthode des limites_.

165. Souvent aussi, pour étudier les propriétés du cercle, on le considère lui-même comme un polygone régulier d'une infinité de côtés, et on lui applique directement les propriétés des polygones réguliers.

On suit alors la _méthode dite des infiniment petits_.

Théorème XI.

166. Deux circonférences quelconques sont entre elles comme leurs rayons ou comme leurs diamètres.

En effet les deux circonférences C et C' sont les limites des périmètres des polygones réguliers inscrits, d'un même nombre de côtés, lorsque ce nombre des côtés augmente indéfiniment; on peut même les considérer comme des polygones réguliers d'une infinité de côtés.

Donc, en leur appliquant les propriétés des polygones réguliers (144), nous dirons que ces circonférences sont entre elles comme leurs rayons, et par suite aussi comme leurs diamètres....:

$$\frac{C}{C'} = \frac{r}{r'} = \frac{2r}{2r'} \cdots\cdots$$

Théorème XII.

167. Le rapport d'une circonférence à son diamètre est un nombre constant. (C'est-à-dire que toutes les circonférences divisées par leurs diamètres, donnent toujours le même quotient ou rapport.)

En effet, en considérant deux circonférences quelconques C et C', on a (166): $\frac{C}{C'} = \frac{2r}{2r'}$. Multiplions les deux membres par C', et divisons-les par $2r$, il viendra : $\frac{C}{2r} = \frac{C'}{2r'}$ .....

Scolie. 1: Le rapport constant $\frac{C}{2r}$ vaut environ $3\frac{1}{7}$, ou plus exactement 3,141 592 653..... Ce nombre, qu'on appelle π (pi), a été calculé à 600 décimales.

2: Le rayon d'un cercle étant représenté par r, le diamètre est $2r$, et la circonférence vaut π fois $2r$ ou $2\pi r$.

Ainsi, la circonf. d'un cercle égale le diamètre multiplié par le nombre π, et réciproquement, le diamètre égale la circonférence divisée par π.

Théorème XIII.

168. On peut calculer le nombre π aussi exactement qu'on voudra.

Le nombre π étant le quotient de toute circonférence par son diamètre, le problème consiste à se donner une circonférence, et en calculer le diamètre, ou réciproquement.

<u>1ère manière</u>, en cherchant le diamètre d'une circonférence de 6 m.

L'hexagone régulier de 1^m de côté a 6^m de tour. Son rayon (148) est de 1 m., et son apothème (162, application) est de $0^m.866\ldots$

Sans changer le périmètre (6 mètres), on peut calculer (162) ce que deviennent le rayon et l'apothème, lorsque le polygone a successivement 12 côtés, puis 24, 48, 96, etc.

À mesure que le nombre des côtés augmente, le polygone s'arrondit, et tend vers le cercle; en même temps, le rayon et l'apothème tendent à se confondre, tant en direction qu'en grandeur. Voici les résultats :

Nomb. de côtés.	Rayons.	Apothèmes.
6	1.000	0.866
12	0.966	0.933
24	0.958	0.950
48	0.956	0.954
96	0.955	0.955
⋮	⋮	⋮

Ainsi, en s'en tenant à 8 décimales, le rayon et l'apothème se confondent au cas de 96 côtés. Ce polygone peut donc être considéré comme un cercle de 6 m. de circonf. et $0^m.955$ de rayon. Le diamètre sera donc $1^m.910$; et nous dirons:

$$\pi = \frac{6^m}{1,910} = 3,141 \text{, à 1 millième près.}$$

<u>2ᵉ manière</u>, en cherchant la circonférence qui a 1^m de rayon, ou 2^m de diamètre.

Le <u>carré inscrit</u> (147) a pour côté $1^m.414\ldots$ et pour périmètre $5^m.656\ldots$ Nous pouvons (158) calculer les périmètres des polygones réguliers inscrits de 8, 16, 32 …… côtés.   Voici les résultats qu'on obtient:

Nomb. de côtés.	Périmètres.
4	$5^m.656$
8	6.123
16	6.243
32	6.273
64	6.281
128	6.283
256	6.283
⋮	⋮

On voit que les périmètres ne varieront désormais qu'au delà des millimètres. Et comme ils tendent vers la circonférence, qui est leur limite, leur différence d'avec la circonf. est désormais moindre qu'un millimètre (163). Nous pouvons donc dire que la circonférence cherchée a $6^m,283$, à 1 millimètre près. Et nous poserons :

$$\pi = \frac{6^m.283}{2^m} = 3,141\,5\ldots$$

Scolie. On voit qu'on obtient d'autant plus d'exactitude qu'on garde plus de décimales dans les calculs préparatoires. L'Algèbre supérieure donne des procédés plus commodes pour trouver π.

$$\pi = 3,141\ 592\ 653\ 589\ 793\ 238\ 462\ 643\ldots$$

LIVRE V.

LES · SURFACES.

Nous savons déjà qu'on appelle _surface_ l'étendue considérée sous deux dimensions, sans égard pour l'épaisseur.

169. Pour apprécier les surfaces, on les compare à la surface d'un carré d'un mètre de côté, laquelle surface se nomme _mètre carré_.

Le mètre carré se divise en 100 _décimètres carrés_, le décimètre carré en 100 _centimètres carrés_, et le centimètre carré en 100 _millimètres carrés_.

Il est facile de voir, sur une figure divisée, qu'un centimètre carré, par exemple, vaut 100 millimètres carrés.

Il suit de là que, par rapport au mètre carré, les décimètres carrés sont des _centièmes_, les centimètres carrés des _dix-millièmes_, et les millimètres carrés des _millionnièmes_.

170. On appelle _aire_ d'une figure le nombre qui exprime ce qu'est la surface de cette figure eu égard au mètre carré.

Souvent, on emploie indifféremment les mots _surface_ et _aire_.

171. Deux surfaces sont _égales_ lorsqu'elles peuvent _coïncider_ par _super-position_. Elles sont seulement dites _équivalentes_ lorsqu'elles ont la même étendue, la même aire, sans avoir néanmoins la même forme.

Théorème I.

172. L'aire d'un rectangle égale le produit de sa base par sa hauteur.

Soit d'abord le cas où les deux dimensions contiennent chacune un nombre exact de mètres; qu'il y ait par exemple 7ᵐ de base et 4ᵐ de hauteur.

Je dis que le nombre des mètres carrés contenus dans ce rectangle sera 7.4 ou 28.

Pour le prouver, je remarque que le rectangle peut être partagé en 4 bandes, ayant chacune 1ᵐ de largeur et 7ᵐ de longueur; et que, dans une de ces bandes, on peut former 7 parties égales, dont chacune sera un m. carré.

7a

Une bande contenant 7 mètres carrés, 4 bandes contiendront 4 fois 7 mètres carrés ou 28 mètres carrés.   C.Q.F.D.

Soit maintenant le cas où les dimensions contiendraient des fractions de mètre; que la base ait par exemple $7^{m},3$ et la hauteur $4^{m},25$.

Considérons pour un instant le _centimètre_ comme unité de longueur; les dimensions seront 730 et 425 centimètres.

Dans le rectangle, nous pouvons considérer 425 bandes, contenant chacune 730 centimètres carrés; ce qui fera en tout 425 fois 730, ou 310 250 centimètres carrés, soit 31 mètres carrés 0250 dix-millièmes......

Or c'est précisément ce résultat 31,0250 qu'on obtiendrait en multipliant les deux nombres 7,3 et 4,25 d'après les lois ordinaires du calcul. Donc il est encore vrai de dire que l'aire de ce rectangle égale le produit de sa base par sa hauteur.

Ce raisonnement peut se répéter, quelle que soit la fraction de mètre à laquelle s'arrête l'expression des dimensions. Donc le théorème est vrai dans tous les cas.

173. _Scolie_ 1ᵉ: Soient R et R' deux rectangles quelconques, b et h, b' et h', leurs dimensions respectives. On a identiquement:
$$\frac{R}{R'} = \frac{bh}{b'h'}$$
Donc deux rectangles quelconques sont entre eux comme les produits des bases par les hauteurs. (C'est-à-dire comme les nombres qui expriment leurs surfaces.)

Si la base est la même, on aura: $\dfrac{R}{R'} = \dfrac{bh}{bh'} = \dfrac{h}{h'}$

Donc deux rectangles de même base sont entre eux comme les hauteurs. — Pareillement, deux rectangles de même hauteur sont entre eux comme leurs bases.

174. 2ᵉ: Le _carré_ est un rectangle dont les deux dimensions sont égales. Donc l'aire d'un carré égale le produit de son côté par lui-même.

C'est de là que vient l'usage d'appeler carré d'un nombre le produit de ce nombre par lui-même.

Exercices. Quelle est la surface d'un tableau de classe ayant 3ᵐ 25 de longueur et 1ᵐ 30 de hauteur ?

Combien peut-on recevoir d'élèves dans une classe carrée ayant 7ᵐ 35 de côté, à raison d'un élève par mètre carré ?

175. 3° Le _nombre_ que précédemment nous avons appelé _carré d'une ligne_ (113) exprime la surface du _carré construit sur cette ligne_.

Et le _nombre_ que nous avons appelé _produit de deux lignes_ exprime la _surface du rectangle_ construit avec ces deux lignes.

Il résulte de là que tous les théorèmes dans lesquels il a été question de carrés et de produits de lignes, donnent lieu à une traduction en surfaces. Nous allons reproduire les principaux de ces théorèmes.

Le carré construit sur la _somme_ ou sur la _différence de deux lignes_, égale la somme des carrés construits sur ces deux lignes, plus ou moins deux fois le rectangle construit avec ces mêmes lignes (114).

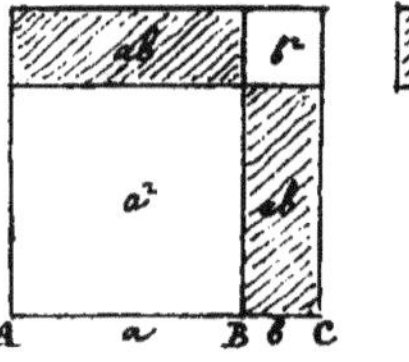

Le _rectangle fait_ avec la _somme_ et la _différence_ de deux lignes, égale la différence des carrés construits sur ces mêmes lignes (115).

Si du sommet de l'angle droit d'un triangle rectangle on abaisse une perpendiculaire sur l'hypoténuse, le _carré construit sur cette perpendiculaire_ égale le rectangle fait avec les deux segments de l'hypoténuse (117);

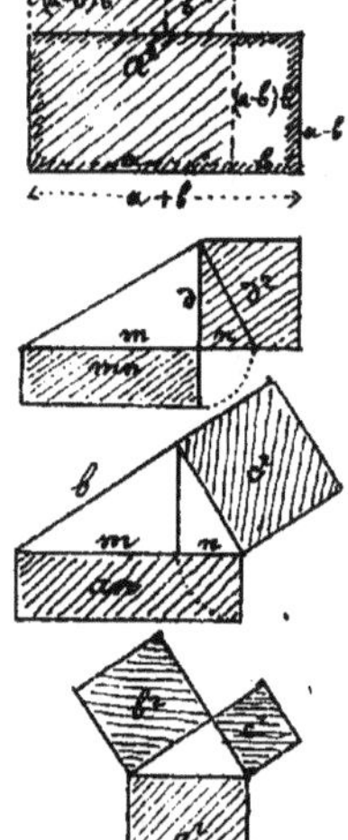

Et le _carré_ construit sur l'_un des côtés de l'angle droit_ égale le rectangle fait avec l'hypoténuse et le segment adjacent au côté (117).

Le _carré_ construit sur l'_hypoténuse_ d'un triangle rectangle égale la somme des carrés construits sur les côtés de l'angle droit (118).

Lorsque _deux cordes_ se coupent dans un cercle, le rectangle fait avec les deux segments de l'une, égale le rectangle fait avec les deux segments de l'autre (124).

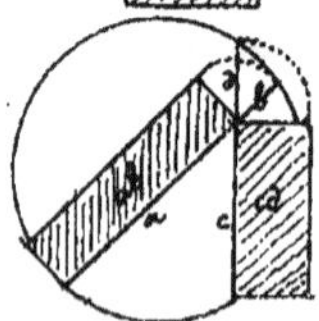

Si deux sécantes partent d'un même point hors d'un cercle, le rectangle fait avec la 1re. sécante et sa partie extérieure, égale le rectangle fait avec la 2e. sécante et sa partie extérieure (126).

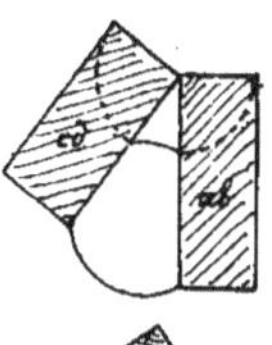

Si une tangente et une sécante partent d'un même point hors d'un cercle, le carré construit sur la tangente, égale le rectangle fait avec la sécante et sa partie extérieure (128).

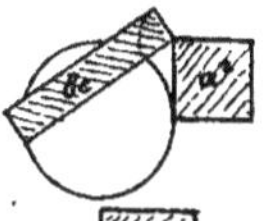

Lorsqu'une droite est divisée en moyenne et extrême raison, le carré construit sur le grand segment, égale le rectangle fait avec la ligne entière et le petit segment (135).

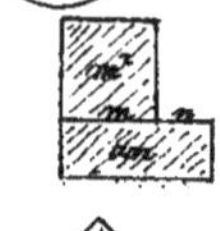

Dans un carré quelconque, le carré construit sur la diagonale est double du carré primitif. (147, scolie, 2e.).

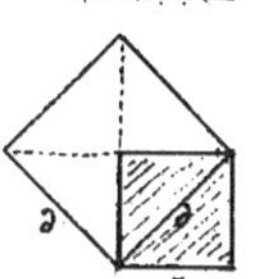

Exercice. Construire un rectangle tel que la différence entre la base et la hauteur soit de 1 mètre, et que la surface soit de 1 mètre carré. (135).

$$\boxed{\text{Théorème II.}}$$

176. L'aire d'un parallélogramme égale le produit de sa base par sa hauteur. (La hauteur est la distance de la base au côté qui lui est parallèle.)

Achevons le rectangle ABFE, qui a même base AB et même hauteur BF que le parallélogramme.

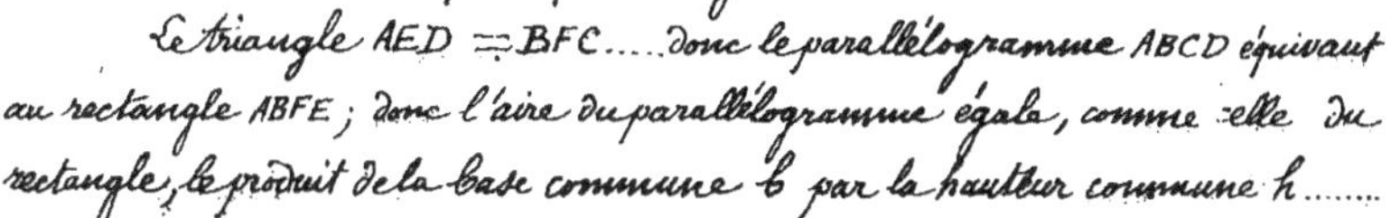

Le triangle AED $=$ BFC..... donc le parallélogramme ABCD équivaut au rectangle ABFE ; donc l'aire du parallélogramme égale, comme celle du rectangle, le produit de la base commune b par la hauteur commune h.......

177. Scolie. 1o. Deux parallélogrammes de même base et de même hauteur sont équivalents.

2o. La base supérieure d'un parallélogramme peut se mouvoir sur sa propre direction, sans que la surface soit altérée.

3o. Deux parallélogrammes quelconques sont entre eux comme les produits des bases par les hauteurs : $\dfrac{P}{P'} = \dfrac{bh}{b'h'}$.

Deux parallélogrammes de même base sont entre eux comme les hauteurs, et deux parallélogrammes de même hauteur sont entre eux comme les bases :

$$\frac{P}{P'} = \frac{bh}{bh'} = \frac{h}{h'} \qquad\qquad \frac{P}{P'} = \frac{bh}{b'h} = \frac{b}{b'}$$

Théorème III.

178. L'aire d'un triangle égale la moitié du produit de sa base par sa hauteur.

..... Achevons le parallélogramme ABDC .

Le triangle ABC $=$ BCD...... Donc le triangle ABC est la moitié du parallélogramme ABDC, qui a même base et même hauteur, et dont l'aire est exprimée par bh. Donc l'aire du triangle ABC égale $\frac{1}{2}bh$.   C.Q.F.D.

179. Scolie. 1°: Deux triangles de même base et de même hauteur sont équivalents.

2°: Le sommet d'un triangle peut se mouvoir sur une parallèle à la base, sans que la surface soit altérée.

3°: Deux triangles quelconques sont entre eux comme les produits des bases par les hauteurs.

Deux triangles de même base sont entre eux comme les hauteurs.

Deux triangles de même hauteur sont entre eux comme leurs bases.

4°: Un triangle quelconque est la moitié du rectangle qui a même base et même hauteur.

5°: L'aire d'un triangle rectangle égale la moitié du produit des deux côtés de l'angle droit.

180. On appelle trapèze un quadrilatère qui a deux côtés parallèles. — Ces deux côtés sont dits les bases du trapèze, et leur distance est la hauteur.

Théorème IV.

181. L'aire d'un trapèze égale le produit de sa hauteur par la demi-somme des bases.

..... Le trapèze ABCD est la somme des deux triangles ACD et BAC, qui ont même hauteur h, et dont les bases sont respectivement b et b'. .....

Donc l'aire du trapèze égale $\frac{1}{2}bh + \frac{1}{2}b'h$, ou $h\left(\dfrac{b+b'}{2}\right)$ .....

182. Scolie: Par le point M, milieu de AB, menons MN parallèle à AD, et par suite à BC .

Puisque AM $=$ MB, il en résulte (95) que $DN = NC$.

À cause des triangles semblables ABC et AMH, on a $m = \frac{1}{2}b'$; et à cause des tri. semb. ACD et ACN, on a $n = \frac{1}{2}b$ Donc $m + n = \dfrac{b+b'}{2}$ ......

MN peut être appelée _base moyenne_; et on peut dire ......:
L'aire d'un trapèze égale le produit de la hauteur par la base moyenne.

Exercices. 1º Démontrer le théorème relatif à l'aire du trapèze en le considérant comme la différence entre deux triangles AED et BEC.

2º Démontrer que la droite FG, qui joint les milieux des côtés parallèles passe par le point de concours des deux côtés non parallèles.

3º Démontrer que la droite HK qui joint les milieux des diagonales d'un trapèze vaut la demi-différence des deux côtés parallèles.

4º L'aire d'un trapèze est de 144 mètres carrés, sa hauteur est de 8 m., et la ligne qui joint les milieux des diagonales a 2 m. Quelles sont les deux bases de ce trapèze ?

5º Évaluer les trois parties principales d'une propriété FC, savoir: un bâtiment GB, une cour HC, et un jardin FD; ces trois parties ayant la forme et les dimensions indiquées au plan ci-contre, qui est fait à l'échelle de 1 millim. pour mètre.

Théorème V.

183. L'aire d'un polygone circonscrit à un cercle égale la moitié du produit de son périmètre par le rayon du cercle.

En effet, en joignant le centre aux divers sommets, le polygone se trouve décomposé en triangles ayant pour bases les divers côtés du polygone, et pour hauteur le rayon du cercle inscrit. L'aire totale égale donc $\frac{r}{2}(a+b+c+d)$ ou $\frac{1}{2}pr$, en appelant p le périmètre.

Corollaires. 1º L'aire d'un triangle quelconque égale la moitié du produit de son périmètre par le rayon du cercle inscrit.

2º L'aire d'un polygone régulier égale la moitié du produit de son périmètre par l'apothème.

Exercices. 1: Calculer l'aire d'un hexagone régulier d'un mètre de côté.

2: Calculer l'aire d'un carré inscrit dans un cercle de 1 m. de rayon.

3: Quel côté faut-il donner à un bassin hexagonal régulier, pour que sa surface soit de 100 mètres carrés ?

4: Une salle carrée a une étendue de 40 m. carrés ; quel est son côté ?

$$\boxed{\text{Théorème VI.}}$$

184. En appelant a, b, c, les trois côtés d'un triangle quelconque, $2p$ son périmètre, et S sa surface, on peut poser la formule :

$$\boxed{S = \sqrt{p(p-a)(p-b)(p-c)}}$$

laquelle formule donne la surface en fonction immédiate des trois côtés.

En effet, on a (120) : $b^2 = a^2 + c^2 - 2an$; d'où $n = \dfrac{a^2 + c^2 - b^2}{2a}$; d'où, en élevant au carré : $n^2 = \dfrac{(a^2 + c^2 - b^2)^2}{4a^2}$.

On a aussi (118, coroll.) : $h^2 = c^2 - n^2 = \dfrac{4a^2c^2 - (a^2 + c^2 - b^2)^2}{4a^2}$

D'autre part, on a (178) : $S = \tfrac{1}{2} ah$; d'où, en carrant :

$$S^2 = \tfrac{1}{4} a^2 h^2$$
$$S^2 = \frac{4a^2c^2 - (a^2 + c^2 - b^2)^2}{4 \cdot 4}$$
$$S^2 = \tfrac{1}{16} (2ac + a^2 + c^2 - b^2)(2ac - a^2 - c^2 + b^2) \quad \text{②}$$
$$S^2 = \tfrac{1}{16} (\overline{a+c}^2 - b^2)(b^2 - \overline{a-c}^2) \quad \text{①}$$
$$S^2 = \tfrac{1}{16} (a+c+b)(a+c-b)(b+a-c)(b-a+c) \quad \text{②}$$
$$S^2 = \tfrac{1}{16} \cdot 2p \cdot 2(p-b) \cdot 2(p-c) \cdot 2(p-a)$$
$$S^2 = p(p-a)(p-b)(p-c)$$

Donc enfin $\boxed{S = \sqrt{p(p-a)(p-b)(p-c)}}$ C.Q.F.D.

Exercice. Rendre compte des diverses transformations ci-dessus. (Il suffit d'appliquer à propos ces deux principes d'algèbre :

$$\begin{cases} (x \pm z)^2 = x^2 + z^2 \pm 2xz \quad \text{①} \\ (x+z)(x-z) = x^2 - z^2 \quad \text{②} \end{cases}$$

Exercice. Calculer, en se servant de la formule ci-dessus, la surface d'un terrain triangulaire, dont les côtés sont :

$$a = 120^m \qquad b = 98^m \qquad c = 75^m.$$

Théorème VII.

185. L'aire d'un cercle égale la moitié du produit de sa circonférence par son rayon.

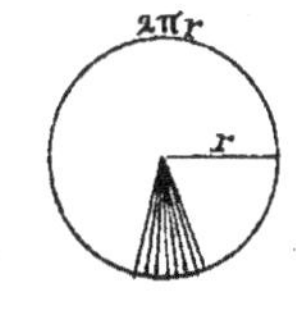

En effet, le cercle est la limite du polygone circonscrit dont le nombre des côtés augmente indéfiniment (163) ; donc on peut lui appliquer (164) les propriétés du polygone circonscrit (183). . . . . .

On peut aussi considérer le cercle comme un polygone régulier d'une infinité de côtés ; et sous cet aspect, il est décomposable en une infinité de petits triangles, ayant chacun pour base un arc infiniment petit, et pour hauteur le rayon . . . . . . (183, coroll. 2°).

Scolie 1°. Soit r le rayon d'un cercle ; la circonférence est $2\pi r$ (167, scolie, 2°) ; et l'aire du cercle sera $(2\pi r \cdot \frac{1}{2} r)$ ou πr^2.

Ainsi, l'aire d'un cercle égale le carré du rayon multiplié par le nombre π.

Donc on a : . . . . $\dfrac{\text{Cercle}}{\text{Carré du rayon}} = \dfrac{\text{Circonférence}}{\text{Diamètre}}$

Théorème VIII.

186. Deux cercles quelconques sont entre eux comme les carrés de leurs rayons.

Soient C et C' ces deux cercles ; r et r' leurs rayons. On a identiquement :

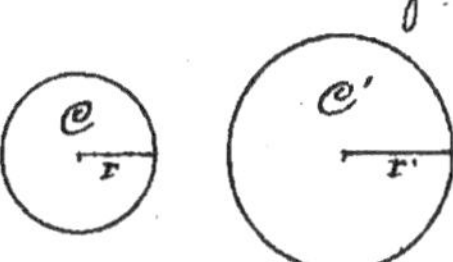

$$\frac{C}{C'} = \frac{\pi r^2}{\pi r'^2} = \frac{r^2}{r'^2}$$

Scolie. Deux cercles quelconques sont toujours des figures semblables. Les dimensions homologues (rayons, diamètres, circonférences, arcs semblables, cordes homologues, . . .) sont proportionnelles. De même les parties homologues (secteurs, segments, . . .) sont aussi proportionnelles ; et leur rapport est le carré du rapport qui existe entre les dimensions homologues.

Ainsi, dans les figures ci-dessus, on a $r = \frac{2}{3} r'$. Toutes les dimensions du petit cercle sont les $2/3$ de celles du grand.

Le rapport des surfaces sera $\left(\frac{2}{3}\right)^2$ ou $\frac{4}{9}$. Ainsi, l'étendue du petit cercle est les $4/9$ de celle du grand ; et il en serait de même entre deux secteurs homologues, deux segments homologues, deux parties homologues quelconques.

Théorème IX.

186. L'aire d'un secteur égale la moitié du produit de son arc par son rayon.

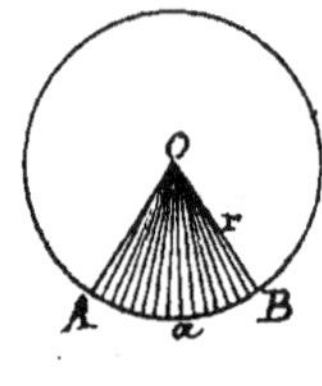

En effet, si l'on conçoit tout le cercle partagé en 360 secteurs égaux, chacun d'eux correspondra à un arc d'un degré. Et autant il y aura de degrés dans l'arc, autant de ces petits secteurs dans le secteur considéré.

Cette réflexion peut se faire également pour les fractions de degré. On a donc :

$$\frac{Secteur}{cercle} = \frac{arc}{circonférence}$$

Donc le secteur égale $\dfrac{Cercle \times arc}{circonférence} = \dfrac{\pi r^2 . a}{2\pi r} = \dfrac{ar}{2}$

C.Q.F.D.

On peut aussi considérer le secteur comme décomposé en triangles centraux infiniment petits, et on arrive ainsi plus vite au théorème.

187. Scolie. L'aire d'un segment de cercle égale l'aire du secteur entier, moins l'aire du triangle central correspondant.

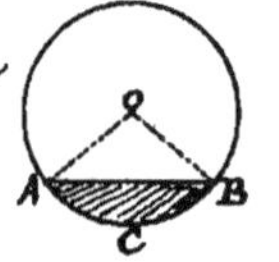

Exercice. 1°. La rotonde du panorama a 40 mètres de diamètre; quelle est la surface de cet édifice ?

2°. Quelle est la surface d'un bassin circulaire qui a 42^m de tour ?

3°. Quelle est la surface d'un cercle d'un mèt. de diamètre?

4°. Quel doit être le rayon d'un cercle, pour que sa surface soit exprimée par le nombre π ou $3^{m^2},14$ environ ?

5°. Dans un cercle de 18 m de rayon, quelle est l'aire comprise entre deux cordes parallèles, ayant respectivement 20 et 32 mètres ?

6°. Deux cercles concentriques ont pour rayons 6 et 10 mètres; quelle est l'aire de la couronne comprise entre les deux circonférences ?

7°. La surface d'une couronne est de 1 mèt. carré; la distance des deux circonférences est de $0^m,25$; on demande quels sont les rayons des deux circonférences entre lesquelles se trouve la couronne.

Livre V.

Théorème X.

188. On peut obtenir l'aire d'un polygone quelconque.

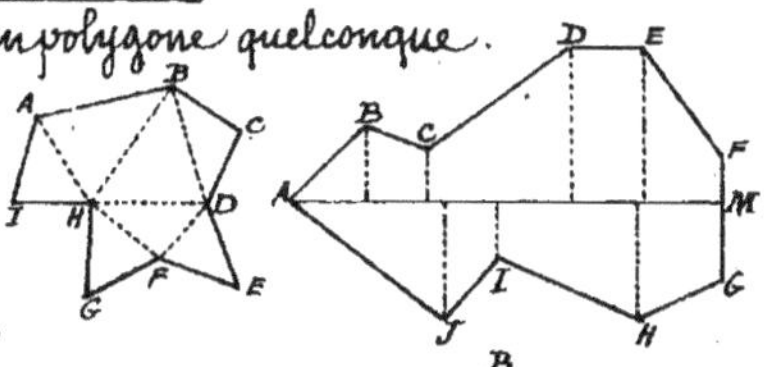

On le décompose en triangles ou en trapèzes, qu'on évalue séparément. On additionne les résultats.

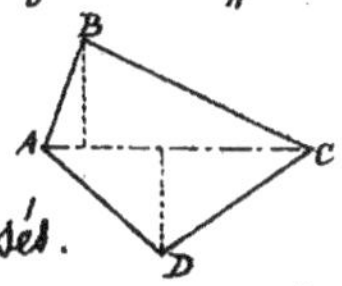

189. *Scolie*. 1°. L'aire d'un quadrilatère quelconque égale le produit d'une diagonale par la demi-somme des perpendiculaires abaissées sur cette diagonale, des sommets opposés.

2°. Dans l'arpentage (évaluation de la surface des terrains) on a souvent à évaluer la surface comprise entre une droite AB et une ligne sinueuse $AMNB$.

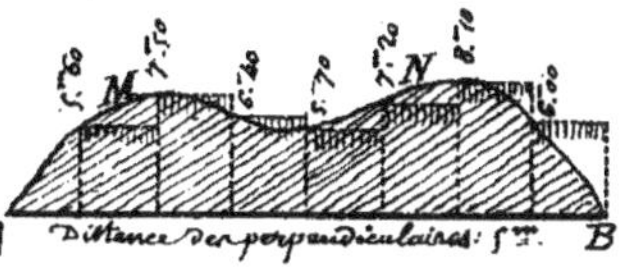

On peut marquer sur cette ligne AB des parties égales entre elles, élever et mesurer des perpendiculaires à tous les points intermédiaires, additionner ces perpendiculaires, et multiplier leur somme par la distance qui les sépare.

On considère alors la surface proposée comme équivalente à une somme de petits rectangles, qu'on suppose réunis en une bande unique. On voit qu'il y a une certaine compensation.

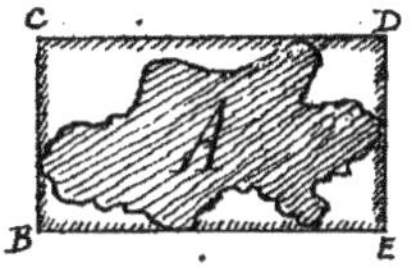

190. 3°. Si l'on veut évaluer une surface tout irrégulière et sinueuse A, on peut la dessiner sur une feuille rectangulaire d'un papier ou carton homogène; évaluer l'aire de ce papier à l'échelle du plan; peser avec soin la feuille entière; enlever par découpure la partie étrangère au plan, et peser le reste. Une proportion donnera la surface cherchée.

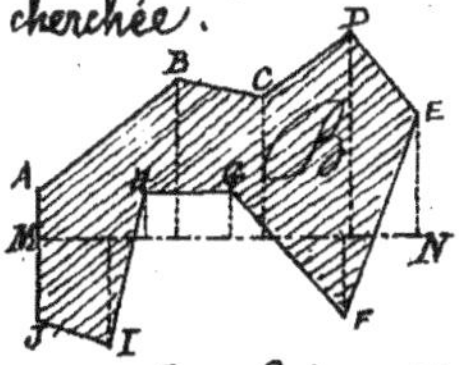

Exercices. 1°. Exposer le moyen d'obtenir l'aire de la figure B ci-contre, en se servant de la décomposition qui y est marquée.

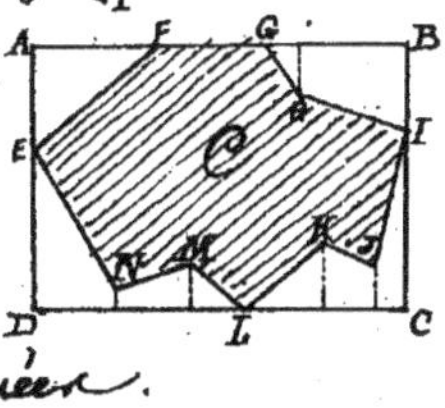

2°. Même problème pour la figure C ci-contre. (Ce moyen convient particulièrement au cas où C représente un bois.)

3°. Évaluer la figure $ABNM$ ci-dessus (189, 2°), d'après les dimensions qui y sont indiquées.

4°. À l'échelle du plan irrégulier A ci-dessus (190), la feuille a 230 m. de longueur, et 125 de largeur; la feuille entière pèse 43^{gr}7/… ; après la découpure, le plan A tout seul pèse 27 grammes. Quelle est l'aire de ce plan ?

Théorème XI.

191. Dans les figures semblables, les surfaces sont entre elles comme les carrés des côtés ou des lignes homologues.

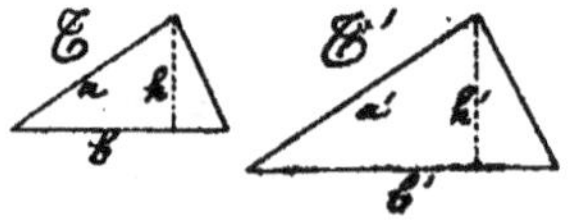

1°. Considérons d'abord deux triangles semblables E et E'. On a :

$$\frac{a}{a'} = \frac{b}{b'} \left.\vphantom{\frac{a}{a'}}\right\} \quad \text{D'où, en multipliant membre à membre :}$$
$$\frac{a}{a'} = \frac{h}{h'}$$

$$\frac{a^2}{a'^2} = \frac{bh}{b'h'} = \frac{\frac{1}{2}bh}{\frac{1}{2}b'h'} \text{ ou } \frac{E}{E'}$$

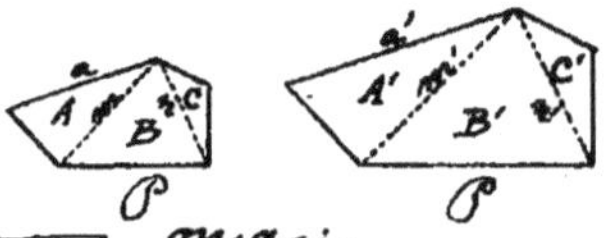

2°. Considérons deux polygones semblables P et P'. Les triangles partiels étant respectivement semblables, on a :

$$\frac{a^2}{a'^2} = \frac{A}{A'} = \frac{m^2}{m'^2} = \frac{B}{B'} = \frac{n^2}{n'^2} = \frac{C}{C'} = \frac{A+B+C \text{ ou } P}{A'+B'+C' \text{ ou } P'}$$

Scolie. Dans les figures semblables, les parties homologues sont proportionnelles ; et leur rapport est égal au carré du rapport qui existe entre les dimensions homologues.

Ainsi, dans les deux polygones P et P', les dimensions du petit sont les 2/3 de celles du grand ; les triangles A, B, C, sont respectivement les 4/9 de A', B', C'.

Exercice. Le plan d'une propriété est dessiné à l'échelle de 1 millimètre pour mètre. Que sont les surfaces du plan, eu égard aux surfaces réelles ?

Théorème XII.

191 bis. Toute figure non convexe peut être transformée en une autre isopérimètre, et d'une surface plus grande.

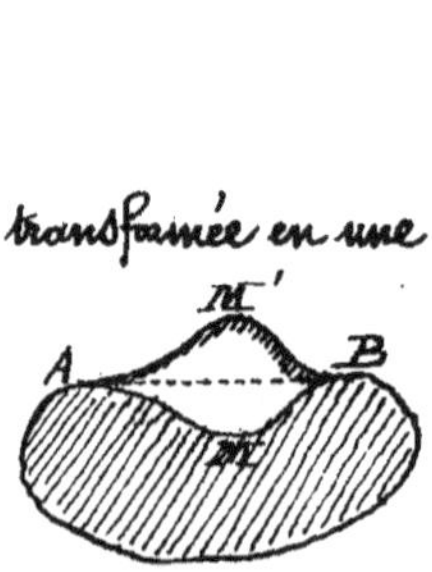

C'est ce qu'on voit immédiatement, en faisant tourner la ligne AMB autour de AB………

Théorème XIII.

191 ter. De tous les rectangles isopérimètres, le carré est le plus grand.

Soient A et B, un carré et un rectangle isopérimètres ; soit 40 m. le périmètre commun.

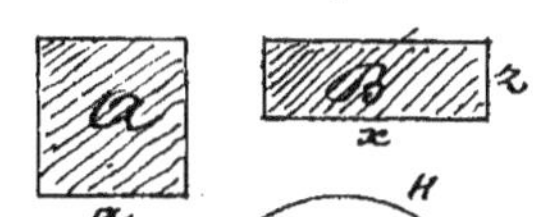

Sur une droite CD de 20 m., je décris une demi-circonférence. En portant $CG = x$, il restera $GD = z$. Le produit xz, qui exprime la surface du rectangle B, égale y^2. Il est clair que xy sera maximum quand y^2 le sera, c'est-à-dire quand le point G sera au milieu de CD. Alors le rectangle B sera devenu le carré A......

Corollaire. De tous les rectangles de même surface, celui qui a le plus petit périmètre est le carré.

Théorème XIV.

191. 4ter. De tous les polygones réguliers isopérimètres, le plus grand est celui qui a le plus de côtés.

En effet, nous savons déjà (168, 1°) qu'à mesure que le nombre des côtés augmente, le rayon et l'apothème tendent l'un vers l'autre, de sorte que l'apothème grandit de plus en plus. Or la surface du polygone égale la moitié du produit du périmètre par l'apothème ; donc la surface est plus grande quand le nombre des côtés est plus grand. C.Q.F.D.

Corollaire. 1°. Le cercle est plus grand que tout polygone régulier isopérimètre.

2°. De deux polygones réguliers de même surface, celui qui a le plus petit périmètre est celui qui a le plus de côtés.

Théorème XV.

191. 5. De tous les triangles formés avec deux côtés donnés et un troisième à volonté, le plus grand est celui où ces côtés sont perpendiculaires.

Les deux triangles ACB et ACB' ont même base A ; donc ils sont entre eux comme les hauteurs BC et B'D, ou a et h. Or $h < a$ ......

Théorème XVI.

192. Étant données les aires de deux polygones réguliers semblables, l'un inscrit et l'autre circonscrit à un même cercle, on peut calculer les aires des deux polygones réguliers, inscrit et circonscrit, d'un nombre de côtés double.

Considérons les carrés, inscrit et circonscrit, à un cercle de 1 m. de rayon. On a :

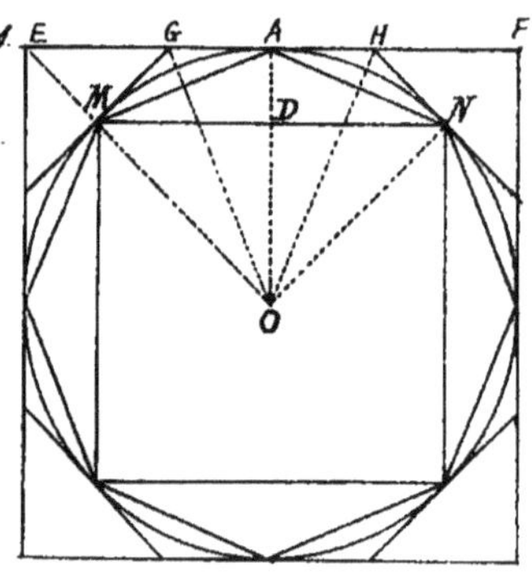

$$\left\{ \begin{array}{l} \overline{MN}^2 = r^2 + r^2 = 1+1 = 2 \text{ m. carrés} \ldots\ldots\ldots p. \\[4pt] \overline{EF}^2 = (2r)^2 = 2^2 = 4 \text{ m. carrés} \ldots\ldots P. \end{array} \right.$$

Je dis qu'avec ces deux polygones p et P, on peut calculer les aires p' et P' des octogones rég., inscrit et circonscrit.

1° En remarquant que les triangles OMD, OMA et OAE sont respectivement les $1/8$ des polygones p, p' et P, on a :

$$\frac{p}{p'} = \frac{\text{tri. } OMD}{\text{tri } OMA} \underset{(78,\, \text{sc. }3^\circ)}{=} \overset{(96)}{\frac{OD}{OA}} = \frac{OM}{OE} \underset{(178)}{=} \frac{\text{tri } OAM}{\text{tri } OAE} = \frac{p'}{P}$$

D'où $p'^2 = pP$; et $p' = \sqrt{pP} \ldots\ldots = \sqrt{2.4} = \sqrt{8} = 2^{\text{m}}\!,828 \ldots\ldots p'.$

2° On a : $\dfrac{p}{p'} = \dfrac{OMD}{OMA} \overset{(178)}{=} \dfrac{OD}{OA} \underset{(96)}{=} \dfrac{OM \text{ ou } OA}{OE} \overset{(106)}{=} \dfrac{AG}{GE} = \dfrac{AOG}{GOE} \ldots\ldots$

D'où $\dfrac{2p}{p+p'} = \dfrac{GOH}{AOE} = \dfrac{P'}{P}$ D'où $P' = \overset{(96)}{\dfrac{2pP}{p+p'}} \underset{(178)}{=} \dfrac{2.2.4}{2+2,828} = \dfrac{16}{4,828} = 3^{\text{m}2}\!,314 \ldots P'.$

Théorème XVII.

193. On peut calculer le nombre π par les surfaces des polygones réguliers inscrits et circonscrits.

Considérons un cercle de 1 m. de rayon. La surface du cercle (185, scolie) a pour symbole πr^2, ou simplement π pour le cas actuel. Je dis qu'on peut trouver cette surface par les polygones réguliers inscrits et circonscrits.

En effet, les carrés, inscrit et circonscrit ont pour surfaces respectives $2^{\text{m}2}$ et $4^{\text{m}2}$; la moyenne 3 m2 est une première valeur approchée du cercle, et par conséquent de π.

Ces deux polygones permettent (192) de calculer ceux de 8 côtés, qu'on trouve respectivement de $2^{\text{m}2}\!,828$ et $3^{\text{m}2}\!,314$; la moyenne $3^{\text{m}2}\!,071$ donne une seconde valeur du cercle et de π.

En poursuivant de pareils calculs, on peut obtenir les surfaces des polygones de $16, 32, 64\ldots$ côtés, lesquels polygones tendent simultanément vers le cercle. Ainsi, on approchera du cercle, et par conséquent de π, d'aussi près qu'on voudra.

Voici les résultats qu'on obtient:

n côtés	p	P	cercle (π)
4	$2^{m}.000$	$4^{m}.000$	$3^{m}.000$
8	2.828	3.314	3.071
16	3.062	3.182	3.122
32	3.121	3.152	3.136
64	3.137	3.144	3.140
128	3.140½	3.141	3.141 ..... π

Exercices. 1° Répéter ces calculs directement.

2° Les exécuter par logarithmes.

Problèmes sur les Surfaces

194. _Problème I_. Faire un carré équivalent à une figure donnée.

Si l'aire de la figure s'obtient par le produit de deux dimensions, comme dans un rectangle, on cherche une moyenne proportionnelle entre ces deux dimensions, et on a le côté du carré équivalent.

Dans tous les cas, on peut évaluer numériquement la surface de la figure, et extraire la racine carrée; on aura le côté du carré.

Scolie. Le problème de la quadrature du cercle consiste à construire un carré équivalent à ce cercle. Cela ne se peut faire que d'une manière approchée. Tout travail graphique ou manuel ne donne jamais que des résultats approchés.

Exercices. 1° Un rectangle a 123 m de longueur et $18^{m}.50$ de largeur. Quel serait le côté du carré équivalent ?

2° Un terrain triangulaire a 45 m de base et 28 m de hauteur; on veut le transformer en un carré équivalent. Quel sera le côté ?

3° Quel est le côté du carré équivalent à un cercle de 1 mètre de rayon ?

4° Quel doit être le rayon d'un cercle équivalent à un carré de 10 m. de côté.

195. Problème II. Transformer un polygone donné en un triangle équivalent.

On mène une diagonale AC, de manière à isoler un triangle ABC; on mène BF parallèle à AC, et on transporte le sommet B en F (179).

Le triangle ABC se trouve remplacé par AFC, et le polygone a un côté de moins ......

On peut répéter cette opération jusqu'à ce qu'il ne reste plus que trois côtés ....

(Le problème peut aussi se résoudre numériquement.)

Exercice. Dans un cercle de 1 m de rayon, on dessine un secteur de 60 degrés; on veut transformer ce secteur en un triangle équivalent, ayant 1 m. de hauteur. Quelle sera la base de ce triangle ?

196. Problème III. Sur une droite donnée m, faire un rectangle équivalent à un rectangle donné ab.

On doit avoir $mx = ab$; d'où $\dfrac{m}{a} = \dfrac{b}{x}$ ...; il suffit donc de chercher une 4ᵉ proportionnelle aux droites m, a, b, et on aura la hauteur x ......

(Le problème peut être résolu numériquement.)

Exercice. Quelle largeur faut-il donner à un champ rectangulaire de 135 m. de longueur, pour qu'il puisse s'échanger contre un autre rectangulaire aussi, ayant 170 m. sur 20 ?

197. Problème IV. Trouver deux droites qui soient entre elles comme deux rectangles donnés ab et cd.

On peut se donner à volonté l'une des deux droites demandées; prenons a.

Nous devons avoir : $\dfrac{ab}{cd} = \dfrac{a}{x}$; d'où $\dfrac{b}{c} = \dfrac{d}{x}$ .... x est donc une 4ᵉ proportionnelle à ..... b, c, d ....

198. Problème V. Faire un carré égal à la somme ou à la différence de deux carrés donnés a^2 et b^2.

1° On fera un triangle rectangle avec a et b pour côtés de l'angle droit. L'hypoténuse sera le côté du carré équivalent ....

2° On fera un triangle rectangle avec b pour hypoténuse, et a pour un côté de l'angle droit ; l'autre côté donnera la réponse.

Exercice. Deux carrés ont respectivement 3^m et 4^m de côté ; calculer le côté du carré égal à leur somme, et celui du carré égal à leur différence.

199. **Problème VI**. Construire une figure semblable à une figure donnée A, et qui soit avec elle dans un rapport donné ; qu'elle en soit par exemple les $3/5$.

Sur une droite quelconque BC, on porte $(3+5)$ ou 8 parties égales. Sur l'ensemble on décrit une demi-circonférence ; on mène DF perp. à BC puis FB et FC. On porte le côté a en FG, et on mène GH parallèle à BC. FH sera le côté a' homologue de a. On achèvera par le procédé connu, c'est-à-dire par des constructions de triangles semblables à ceux qu'on peut faire dans A……

Pour justifier ce procédé, nous dirons :

$$\frac{A'}{A} = \frac{a'^2}{a} = \frac{\overline{FB}^2}{\overline{FC}^2} = \frac{BD}{DC} = \frac{3}{5} \quad\cdots\cdots$$

(Le problème peut être traité numériquement.)

200. **Problème VII**. Transformer un carré donné a^2 en un rectangle tel que la somme ou la différence des côtés adjacents x et z soit égale à une droite donnée $x + z = m \quad x - z = n$.

1° Sur une droite AB égale à m, on décrit une demi-circonférence ; on mène la perp. BC égale à a, puis CD parallèle à AB ; et enfin DF, qui détermine les dimensions x et z du rectangle demandé. On a bien en effet (117) : $xz = a^2$……

2° Sur EF égal à n, on décrit une circonférence ; on mène la perp. FC égale à a, puis CH par le centre ; CH et CG sont les dimensions cherchées (128).

Exercice. Examiner si le problème est toujours possible.

LIVRE VI.

PRINCIPES GÉNÉRAUX
de la
GÉOMÉTRIE DANS L'ESPACE.

Nous savons déjà (4) qu'on appelle _plan_ ou _surface plane_ une surface sur laquelle une ligne droite peut être tracée en tout sens.

201. _Axiômes_. 1º Par un point donné dans l'espace, on peut concevoir une infinité de plans. Il en est de même par deux points donnés, ou par une droite donnée.....(Considérez une porte sur ses gonds.)

2º Un plan est déterminé, quant à la position, par trois points non en ligne droite, ou par deux droites qui se coupent, ou par une droite et un point hors de cette droite, ou par deux parallèles (37).

3º Deux plans qui ont trois points communs non en ligne droite se confondent.

4º Si deux plans se coupent, leur intersection est toujours une ligne droite.

202. _Une droite est dite perpendiculaire à un plan_, lorsqu'elle est perpendiculaire à toutes les droites menées de son pied dans ce plan.

Alors le plan est dit aussi perpendiculaire à la droite.

Toute droite non perpendiculaire à un plan est _oblique à ce plan_.

(Jusqu'à présent, nous avons pu dessiner les figures avec leurs formes réelles, parce que c'étaient toujours des figures planes. Désormais, les figures ayant du relief, nos dessins plans les déformeront toujours. Il faudra donc, par une attention particulière, chercher à les concevoir avec leur véritable forme. Souvent, il suffit d'avoir une idée claire et nette d'une figure, pour voir la vérité qu'on se propose d'établir.)

8 a

Théorème I.

203. Toute droite perpendiculaire à deux autres menées de son pied dans un plan est perpendiculaire à ce plan.

Soient PB et PC deux droites quelconques appartenant au plan MN, et soit AP une droite qui soit perpendiculaire à la fois à PB et à PC.

Je dis que AP sera perpendiculaire au plan MN.

Pour le prouver, il me suffit de faire voir que AP sera perp. à toute autre droite PD menée de son pied dans le plan.

Pour cela, prolongeons AP au-dessous du plan, de manière qu'on ait PA' = PA, et imaginons les points B, D, C, joints aux points A et A' comme par des fils tendus. (202).

Dans la figure plane BAA', on a BP perp. au milieu de AA'; donc (28) BA = BA'. De même CA = CA'; donc les deux triangles BCA et BCA' ont les côtés respectivement égaux; donc ils sont égaux; donc leurs angles en C sont égaux.

Donc alors les deux triangles DCA et DCA' ont un angle égal, en C, compris entre des côtés respectivement égaux; donc ils sont égaux; donc DA = DA'.

Donc les deux triangles DPA et DPA' ont les côtés respectivement égaux; donc ils sont égaux; donc leurs angles en P sont égaux; donc AA' est perpendiculaire à PD.......

204. _Scolie._ 1° Les perpendiculaires menées en tout sens en un même point d'une droite sont dans un même plan perpendiculaire à cette droite.

2° Par un point donné, on peut mener un plan perpendiculaire à une droite donnée, et on n'en peut mener qu'un seul.

3° Par un point donné, on peut mener une droite perpendiculaire à un plan donné, et on n'en peut mener qu'une seule.

4° Le plan indéfini perpendiculaire au milieu d'une droite est le lieu géométrique des points équidistants des deux extrémités de cette droite.

[_Remarque générale._ Dans les principes généraux de la Géométrie dans l'espace, on se trouve en présence d'un certain nombre de

vérités analogues à celles qui se présentent au début de la Géométrie plane:
les unes sont évidentes et ne peuvent se démontrer; on les admet sous le
nom d'_axiomes_; d'autres, non moins évidentes, peuvent néanmoins se
démontrer; et on peut, ou les admettre à cause de leur évidence, ou s'exercer
à les démontrer. Tels sont les énoncés du scolie précédent, et d'autres
qu'on verra plus loin.

Théorème II.

205. Si d'un même point pris hors d'un plan on mène à ce plan
une perpendiculaire et différentes obliques,

1° La perpendiculaire est plus courte que toute oblique;

2° Deux obliques qui s'écartent également de la perpendiculaire
sont égales; et réciproquement;

3° De deux obliques, celle qui s'écarte le moins de la perpendicu —
laire est la plus courte; et réciproquement.

Soit AP une perpendiculaire au plan MN,
et AB, AC, AD, différentes obliques.

1° AP, perp. au plan MN, l'est
aussi par suite (202) à la droite PC; donc, dans la figure plane
APC, la même droite PC reçoit du même point A, une perp.
AP, et une oblique AC; donc on a (31): $AP < AC$......

2° Soient AB et AC, deux obliques qui s'écartent également de
la perpendiculaire, de sorte qu'on ait $PB = PC$.

AP est perp. à PB et PC (202); donc les deux triangles APB et
APC ont en P un angle égal compris entre des côtés respectivement égaux; donc ils sont égaux; donc $AB = AC$.........

3° Soient AB et AD deux obliques telles que l'on ait $PB < PD$,
je dis qu'on a aussi: $AB < AD$.

Pour le prouver, prenons $PC = PB$, et menons AC; on
aura $AC = AB$. Or, dans la figure plane APD, on a (31) $AC < AD$,
donc aussi $AB < AD$.........

[Les réciproques se démontrent comme dans la Géom. plane (32).

206. *Corollaires.* 1° La perpendiculaire mesure la vraie distance d'un point à un plan.

2° D'un point à un plan, on peut mener une infinité de droites égales ; et les pieds de toutes ces droites sont sur une même circonférence, ayant pour centre le pied de la perpendiculaire.

$$\boxed{\text{Théorème III.}}$$

(Dit le théorème des trois perpendiculaires.)

207. Un triangle rectangle APB étant posé sur un plan M par l'un PB des côtés de l'angle droit, de manière que PA l'autre côté de l'angle droit soit perpendiculaire au plan,

Si, par le sommet B de l'angle aigu adjacent au plan, on mène sur ce plan une droite CD perpendiculaire au côté PB qui s'y trouve déjà placé,

Cette droite CD sera aussi perpendiculaire à l'hypoténuse AB.

(Pour généraliser cet énoncé, il suffit de supprimer les lettres.)

Pour le prouver, marquons les distances égales BC et BD, et menons PC et PD, AC et AD.

Dans la figure plane CPD, l'oblique PC = PD (31) ; donc, dans la figure totale, l'oblique AC = AD (205) ; donc les deux triangles ABC et ABD ont les côtés respectivement égaux ; donc ils sont égaux ; donc leurs angles en B sont égaux ; donc AB est perpendiculaire à CD..... C. Q. F. D.

208. *Axiomes* (qu'on peut s'exercer à démontrer.)

1° Si une première droite est perpendiculaire à un plan, toute parallèle à cette droite sera perpendiculaire au même plan.

2° Si deux droites sont parallèles, tout plan perpendiculaire à l'une est aussi perpendiculaire à l'autre.

3° Deux droites perpendiculaires à un même plan sont parallèles entre elles.

4° Deux droites parallèles à une troisième dans l'espace sont parallèles entre elles.

209. <u>Une droite et un plan sont dits parallèles</u> lorsqu'ils ne peuvent se rencontrer, à quelque distance qu'on les prolonge.

La même condition constitue deux <u>plans parallèles</u>.

210. <u>Axiomes</u> (qu'on peut s'exercer à démontrer.):

1.° Si une première droite AB est parallèle à une seconde, CD, elle est aussi parallèle à tout plan passant par cette seconde ligne.

2.° Étant données une droite et un plan parallèles AB et MN, si l'on mène par la droite AB un second plan AD qui rencontre le premier, l'intersection CD sera sera parallèle à la droite donnée.

3.° Toute droite AB parallèle à deux plans M et N qui se coupent, est aussi parallèle à leur intersection CD.

4.° Deux plans M et N perpendiculaires à une même droite AB sont parallèles entre eux.

5.° Si deux plans M et N sont parallèles, toute droite AB perpendiculaire à l'un est aussi perpendiculaire à l'autre.

6.° Deux plans parallèles chacun à un troisième sont parallèles entre eux.

Théorème IV.

211. Si deux plans parallèles sont coupés par un troisième plan, les intersections sont parallèles.

En effet, les intersections AB et CD sont dans un même plan GH; et d'autre part, elles ne peuvent pas plus se rencontrer que les plans M et N, auxquels ces lignes appartiennent....... (37).

Théorème V.

212. Deux droites parallèles comprises entre deux plans parallèles sont égales.

..... Concevons le plan AD par les deux parallèles AB et CD (201); les intersections AC et BD seront parallèles (211); donc ABDC est un parallélogramme (50); donc (51) AB = CD....
C. Q. F. D.

213. <u>Corollaire.</u> Deux plans parallèles sont partout également distants.

Théorème VI.

214. Si deux angles situés dans l'espace ont les côtés parallèles et dirigés dans le même sens, ces angles sont égaux et leurs plans sont parallèles.

1º Soient A et B ces deux angles .... Portons sur les côtés, $AC = BE$, $AD = BF$, et marquons le quadrilatère $DCEF$.

AC et BE sont égaux et parallèles ; donc $ACEB$ est un parallélogramme ; donc CE est égal et parallèle à AB. Pareillement, $ADFB$ est un parallélogramme ; donc DF est égal et parallèle à AB.

Donc (208) CE et DF sont égaux et parallèles ; donc $DCEF$ est un parallélogramme ; donc $CD = EF$.

Donc les deux triangles ACD et BEF ont les côtés respectivement égaux ; donc ils sont égaux ; donc leurs angles A et B sont égaux .... — C.Q.F.D.

2º Soient A et B les deux angles, M et N leurs plans. Menons AB' perp. au plan N, puis $B'E'$ et $B'F'$ respectivement parallèles à BE et BF, et par suite à AC et AD.

AB' est perp. à $B'E'$; donc aussi à sa parallèle AC ; de même, AB' perp. à $B'F'$, l'est aussi à sa parallèle AD. Ainsi AB' est perp. à AC et à AD ; donc aussi au plan M (208).

Donc les deux plans M et N sont perp. à une même droite AB' ; donc (210) ils sont parallèles ....

215. On appelle __projection__ d'une droite sur un plan la droite qui joint les pieds des perpendiculaires abaissées des extrémités de cette droite sur le plan.

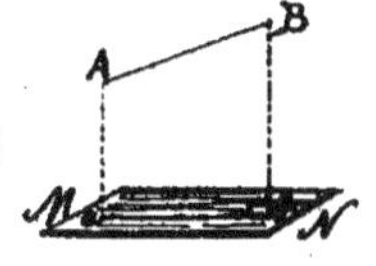

216. __Axiome__. Si une droite tombe obliquement sur un plan, elle fait des angles inégaux avec les diverses droites qu'on peut mener de son pied dans ce plan.

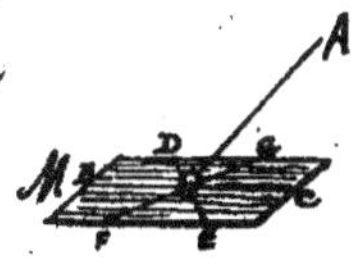

Théorème VII

217. Parmi tous les angles qu'une droite quelconque oblique à un plan, forme avec les autres droites menées de son pied dans ce plan, l'angle *minimum* est celui qu'elle forme avec sa *projection* sur le plan.

Soit AB cette droite, AC sa projection sur le plan M, et AD une droite quelconque menée de son pied dans le plan.

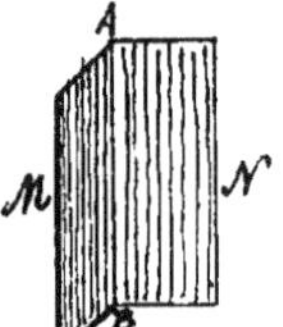

Portons AC en AD, et joignons BD.

BC est perp. au plan; donc BD est oblique, et on a BC < BD. Donc les deux triangles BAC et BAD ont deux côtés respectivement égaux, et le troisième côté BC < BD; donc aussi l'angle BAC est plus petit que BAD.... C.Q.F.D.

218. L'angle que fait une droite avec sa projection sur un plan est ce qu'on nomme l'angle de la droite avec le plan.

219. On appelle *angle dièdre* l'ouverture plus ou moins grande de deux plans qui se rencontrent.

Ces deux plans sont les *faces* du dièdre, et leur intersection en est l'*arête*.

220. La génération de l'angle dièdre est tout analogue à celle de l'angle plan (6) : un plan AG, couché d'abord sur MN, tourne autour d'une droite AB, qui reste commune aux deux plans. Dès le commencement du mouvement, on voit naître deux dièdres : un petit NBAG, et un grand MBAG.

A mesure que le mouvement se poursuit, le petit dièdre grandit, et le grand diminue; mais la somme est constante; car ce qu'on ajoute à l'un se retranche de l'autre.

221. Dans le mouvement générateur de l'angle dièdre, il y a évidemment une position, et une seule, où les deux dièdres adjacents sont égaux. Ce sont alors des dièdres droits, et les plans sont dits *perpendiculaires*.

Il est évident que sous le plan MN, et autour de la ligne AB, il y a la même place angulaire qu'au dessus, c'est à dire 2 Droits.

Si l'on partage un dièdre droit en 90 dièdres égaux, on forme des dièdres d'un degré.

222. **Axiômes**. 1° Tout plan qui tombe sur un autre forme avec lui deux dièdres adjacents dont la somme est égale à deux droits.

2° Par une droite donnée, on peut mener un plan perpendiculaire à un plan donné, et on n'en peut mener qu'un seul. (A moins que la droite ne soit perp. au plan donné ; car alors, on peut concevoir, par cette droite, une infinité de plans perpendiculaires au plan donné. Par exemple, une porte qu'on ouvre reste toujours perp. au plancher, et passe toujours par la ligne des gonds.)

223. On appelle **angle plan correspondant à un angle dièdre**, l'angle ordinaire ou angle plan formé par deux droites menées dans l'un et l'autre plans, par un même point de l'arête, et perpendiculairement à cette arête.

Si la coupe ANH est supposée perp. à l'arête AB, l'angle NAH est l'angle plan correspondant au dièdre NABG.

On peut mesurer, sur le plancher d'un appartement, l'angle dièdre formé par deux positions différentes d'une porte.

224. **Axiômes**. 1° Deux dièdres égaux ont même angle plan, et réciproquement.

2° Un plus grand dièdre correspond à un angle plan plus grand aussi, et réciproquement.

Théorème VIII.

225. Deux dièdres quelconques sont entre eux comme les angles plans qui leur correspondent.

Soient les deux dièdres A et B, et leurs angles plans GCH et EDF.

Je dis que si l'angle plan GCH est, par exemple, les 3/5 de EDF, le dièdre A sera aussi les 3/5 de B.

En effet, l'angle plan GCH étant supposé les 3/5 de EDF, si on divise EDF en 5 parties égales, GDH vaudra 3 de ces petits angles.

Si nous traçons les dièdres correspondants, nous aurons en
tout 8 dièdres égaux, dont 3 en A et 5 en B, donc on aura
A = 3/5 de B , tout comme on a l'angle plan GCH égal aux
3/5 de EDF.

Ce raisonnement peut se répéter, quelque petit que soit
l'angle dièdre qui sera contenu exactement en A et en B. Donc
le théorème est vrai dans tous les cas.

Théorème IX.

226. Deux dièdres opposés par l'arête sont égaux.

Pour le prouver, considérons les bords AB et CD
comme obtenus par une section générale ACBD,
faite perpendiculairement à l'intersection OE.

Les angles plans AOC et BOD sont égaux comme opposés par
le sommet ; donc les dièdres correspondants sont aussi égaux.........

227. _Exercices._ Démontrer d'une manière analogue les
Théorèmes ci-après :

1º. Si deux plans parallèles sont coupés par un
troisième, ces plans forment 8 dièdres, dont 4 aigus
et 4 obtus ; les 4 dièdres aigus sont égaux entre eux,
ainsi que les 4 obtus.

2º. Deux dièdres alternes-internes sont égaux, ainsi que deux dièdres
alternes-externes, et deux dièdres correspondants.

3º. Deux dièdres intérieurs d'un même côté valent ensemble
2 Droits, aussi bien que deux dièdres extérieurs d'un même côté.

4º. Si deux dièdres égaux ont la position des correspondants, ou
des alternes-internes, ou des alternes-externes, deux des plans qui les
forment sont parallèles.   Il en est de même si deux dièdres intérieurs d'un même côté valent 2 Droits.

228. _Axiomes_ (qu'on peut s'exercer à démontrer.)

1º. Étant donnés deux plans perpendiculaires,
M et N, si par un point de l'intersection AB on mène une
droite CD perpendiculaire à l'un des plans donnés N,
cette droite sera tout entière dans l'autre plan M.

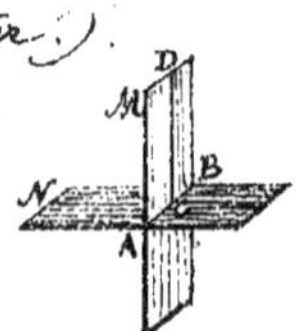

2°. Si deux plans A et B sont perpendiculaires à un troisième M, leur intersection CD sera aussi perpendiculaire à ce troisième plan M.

229. On appelle *angle solide* l'ouverture comprise entre trois plans (ou davantage) se rencontrant en un même point. (La flèche d'un clocher en donne l'idée.)

Les divers plans sont les *faces* de l'angle solide, et leur réunion en est le *sommet*.

230. L'angle solide a des analogies avec le *polygone* de la Géométrie plane : on y trouve deux sortes d'éléments : des *faces*, et des *angles dièdres* (Les faces sont des angles plans) ; les sommets sont remplacés par des *arêtes*.

231. Le plus simple des angles solides est le *trièdre*, ou angle solide à trois faces ; il correspond, par les analogies, au *triangle ordinaire* : il a trois faces et trois angles dièdres.

Théorème X.

232. Chaque face d'un trièdre quelconque est plus petite que la somme des deux autres, et plus grande que leur différence (19).

1°. Soit le trièdre S, et soit ASC la plus grande de ses faces ; je dis que cette face est plus petite que la somme des deux autres.

Pour le prouver, sur la grande face ASC, je fais un angle ASI égal à ASB ; je marque SI et SB égaux ; et par les deux points I et B, je mène un plan quelconque BICA.

Les deux triangles ASB et ASI ont un angle égal en A, compris entre des côtés respectivement égaux ; donc ils sont égaux ; donc $AB = AI$.

Or on a $\overline{AC} < \overline{ABC}$; donc (en retranchant AI et AB) on a $IC < BC$; donc les deux triangles CSI et CSB ont deux côtés respectivement égaux, et le troisième côté $CI < CB$;

donc on a l'angle CSI < CSB ; d'où, en ajoutant des valeurs égales ASI et ASB aux deux membres, · CSA < CSB + BSA.....

(Cette première partie du théorème est évidente pour la face moyenne et pour la plus petite.)

2º Appelons $\mathcal{A}$, B et C les trois faces ; et soit $\mathcal{A}$ la plus grande. On a $\mathcal{A} < B + C$; d'où $\mathcal{A} - B < C$, et $\mathcal{A} - C < B$......

Ainsi, la face moyenne et la petite sont chacune plus grande que la différence des deux autres faces .

Et la même propriété existe évidemment pour la grande face.

233. _Scolie._ Si l'on prolonge au-delà du sommet les arêtes d'un trièdre, on obtient un nouveau trièdre qui est dit _symétrique_ du premier.

Ces deux trièdres ont les faces respectivement égales, et les dièdres respectivement égaux ; mais ils ne peuvent coïncider, parceque les éléments y sont disposés dans un ordre inverse .

234. Deux _trièdres_ sont _égaux_ lorsqu'ils peuvent coïncider. — Ils ont les faces respectivement égales, et les dièdres respectivement égaux.

Si, malgré l'égalité respective des faces et des dièdres, les deux trièdres ne peuvent coïncider à cause d'une disposition inverse des éléments, on dit alors qu'il y a _égalité par symétrie_.

$$\boxed{\text{Théorème XI}}$$

235. Deux trièdres sont égaux : (22, 24)................

1º Lorsqu'ils ont une face égale adjacente à des dièdres respectivement égaux ;

2º Lorsqu'ils ont un dièdre égal compris entre des faces respectivement égales ;

3º Lorsqu'ils ont les trois faces respectivement égales ;

4º Lorsqu'ils ont les trois dièdres respectivement égaux.

Les deux premiers cas se démontrent simplement par superposition.

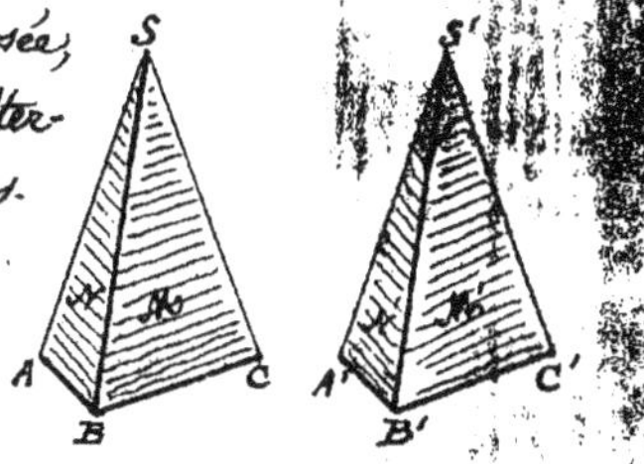

3°. Une première face ASC étant posée, deux autres faces données ASB et CSB déterminent évidemment l'unique position possible pour la troisième arête SB.......

Donc en posant la face A'S'C' sur son égale ASC, les deux autres faces M' et N', respectivement égales à M et N, donneront nécessairement la même troisième arête SB......

4°. Considérons le trièdre S. Si, sans changer le dièdre qui a pour arête SA, on fait mouvoir, dans l'ouverture de ce même dièdre SA, la face BSC ou M, en la faisant toujours passer par S, cette face ne restera pas parallèle à elle-même (209) ; donc les dièdres SB et SC changeront de grandeur (227, 5°); Donc il n'y a qu'une seule position qui amène les valeurs données pour les dièdres SB et SC.

Donc en posant le dièdre S'A' sur son égal SA, le point S' étant en S, la face B'S'C' ou M' prendra nécessairement l'unique position qui puisse donner des dièdres égaux à SB et SC.......

236. <u>Axiomes</u>. Deux angles solides quelconques sont égaux :

1°. Lorsqu'ils sont décomposables en un même nombre de trièdres respectivement égaux, et semblablement disposés ;

2°. Lorsqu'ils ont les faces respectivement égales, et les dièdres respectivement égaux.

$$\boxed{\text{Théorème XII.}}$$

237. Dans un angle solide convexe, la somme des faces est toujours moindre de 4 angles droits.

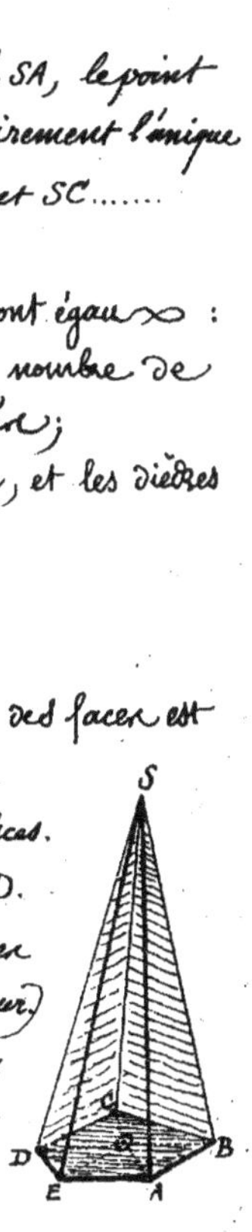

Soit S un angle solide convexe, qui a ici 5 faces.

Coupons cet angle par un plan quelconque AD. (Dans la figure ci-contre, nous supposons que les faces de devant sont transparentes, et qu'on voit l'intérieur.)

Nous formons ainsi, autour de l'angle S, cinq <u>triangles latéraux</u> ; la somme totale de leurs angles sera 5 fois 2 Droits, ou 10 Droits.

Dans le pentagone ABCDE, marquons un point O quelconque, et joignons ce point aux sommets A, B, C, D, E. Nous formons ainsi 5 _triangles inférieurs_ ; et la somme de leurs angles sera encore 5 fois 2 Droits ou 10 Droits.

Considérons maintenant l'angle trièdre formé en C. La face inférieure de cet angle est moindre que la somme des deux faces supérieures ou latérales ; et il en est de même tout autour de la section ABCDE.

Donc la somme des angles inférieurs en A, B, C, D, E, est moindre que la somme des angles latéraux situés vers ces mêmes points. — Donc, par compensation, la somme des angles en O est plus grande que la somme des angles en S. — Donc la somme des angles en S est moindre de 4 Dr.

C. Q. F. D.

Exercice. Dans le cas de la figure ci-dessus, quelles sont les limites entre lesquelles peut varier la somme des angles latéraux en A, B, C, D, E ?

Que deviennent ces limites dans le cas général d'un angle de n faces ?

Théorème XIII.

237 bis. Étant donné un angle dièdre quelconque, si, en un même point de l'arête, on mène des droites perpendiculaires respectivement aux deux faces, ces droites forment, du côté même du dièdre, un angle égal au supplément de ce même dièdre.

En effet, les diverses droites AB, AC, AD, AE sont toutes perpendiculaires à FG, et déterminent un plan R, également perp. à FG ; l'angle BAC représente l'angle dièdre donné. Or dans le plan R, les deux angles BAC et DAE ont les côtés respectivement perpendiculaires ; il est évident qu'ils ne sont pas égaux ; donc ils sont supplémentaires. C. Q. F. D.

Corollaire. Si par l'arête FG on menait des plans DFG et EFG respectivement perpendiculaires aux plans Q et P, on obtiendrait un nouveau dièdre supplément du premier.

Livre VI.

Théorème XIV.

237 ter. Étant donné un trièdre quelconque, si par le sommet on mène des droites perpendiculaires aux trois faces, et si, du même côté que le trièdre donné, on considère ces droites comme arêtes d'un nouveau trièdre, — les angles de ce nouveau trièdre sont les suppléments des faces du premier, et les faces du nouveau sont les suppléments des angles du premier. (Ces deux trièdres sont dits *supplémentaires*.)

Soient A et B les deux faces d'avant du trièdre donné, et C la face d'arrière; soient a, b, c, des droites respectivement perp. aux faces A, B, C, et situées du côté même de l'angle donné.

1° Les droites a et c sont respectivement perp. aux plans A et C; donc l'angle plan aSc est le supplément du dièdre SR, formé par les plans A et C.

On démontrerait de même que l'angle bSc est le supplément du dièdre SM formé par les faces B et C, et que l'angle aSb est le supplément du dièdre SN formé par les faces A et B.

Donc les faces du nouveau trièdre sont les suppléments des angles du premier.

2° Sa est perpendiculaire au plan A, et par suite aux droites R et N situées sur ce plan. De même Sc est perp. au plan C, et par suite aux droites R et M situées sur ce plan. Donc SR est perp. aux deux droites Sa et Sc, et par suite à leur plan, qui est une des faces du nouveau trièdre.

On démontrerait de même que SM est perp. à la face bSc, et SN à la face aSb.

Donc le trièdre primitif est par rapport au nouveau, ce que celui-ci est à l'égard du premier.....

Donc les faces du trièdre primitif ont pour suppléments les angles du nouveau.....

Scolie. Entre deux trièdres supplémentaires, les propriétés sont réciproques.

Théorème XV.

237. 4.ⁱ Dans tout angle trièdre, la somme des angles est comprise entre 2 et 6 Droits. De plus, le plus petit angle, augmenté de 2 Droits, surpasse toujours la somme des deux autres.

1.º Appelons A, B, C, les angles du trièdre donné, ... et . . . . a, b, c, les faces correspondantes du trièdre supplémentaires. On a : . . . .

$$\begin{cases} A + a = 2D \\ B + b = 2D \\ C + c = 2D \end{cases}$$

D'où $(A+B+C) + (a+b+c) = 6D$; d'où $(A+B+C) = 6D - (a+b+c)$ or (237), la somme des faces a, b, c, est comprise entre zéro et $4D$, donc le reste $6D - (a+b+c)$ sera compris entre $6D$ et $2D$ . . . . . .

2.º Soit A le plus petit angle du trièdre donné; a sera la plus grande face du trièdre supplémentaire. Or on a . . . . .

$$a < b + c$$

ou . . . . $(2D - A) < (2D - B) + (2D - C)$

Ajoutons aux deux membres $A + B + C$, et retranchons $2D$; il vient : . . . . . $B + C < A + 2D$.   C. Q. F. D.

Théorème XVI.

237. 5. Pour qu'on puisse former un trièdre avec trois faces données, il faut et il suffit que la somme de ces trois faces soit moindre que 4 Droits, et que la plus grande soit moindre que la somme des deux autres.

1.º La première condition résulte de ce que un trièdre est nécessairement un angle solide convexe, et que, dans un tel angle (237), la somme des faces est toujours moindre de $4D$.

2.º Soient p, q, r, les trois faces données; du point S, décrivons un arc quelconque $CABC'$. Si p est la plus grande face, AmB sera le plus grand arc, et AB la plus grande corde. Et comme on nous donne $p < q + r$, il en résulte $AmB < BnC' + AoC$, et par suite la corde $AB < AC + BC'$. Donc avec ces trois cordes, il est possible de faire un triangle $AC''B$, qui pourra tourner autour de AB, et de poser de façon qu'on ait $SC'' = SC = SC'$, auquel cas les faces q et r se trouveront relevées, et feront avec p un angle trièdre . . . . .

Livre VI.

238. Deux points sont dits <u>symétriques par rapport à un plan</u>, lorsque ce plan est perpendiculaire au milieu de la droite qui joint les deux points. — Et le plan est dit <u>plan de symétrie</u>.

239. Deux points sont symétriques par rapport à une <u>droite</u>, lorsque cette droite est perpendiculaire au milieu de la ligne qui joint les deux points. — La droite donnée est dite <u>axe de symétrie</u>.

240. Deux points sont symétriques par rapport à un autre <u>point</u>, lorsque ce dernier se trouve au milieu de la droite qui joint les premiers. — — Le point fixe est appelé <u>centre de symétrie</u>.

241. Deux figures sont <u>symétriques</u> dans un système quelconque, lorsque chaque point de l'une a son symétrique dans l'autre.

242. <u>Axiomes</u>. 1º Dans un système quelconque, un même point n'a qu'un seul symétrique.

2º Une droite a pour symétrique une autre droite; une figure plane a pour symétrique une figure plane; et plus généralement une figure quelconque a pour symétrique une figure de même espèce.

Théorème XVII.

243. Deux figures symétriques sont égales.

Considérons le cas de la symétrie par rapport à un point.

1º Soient deux droites symétriques AB et A'B'. Les deux triangles OAB et OA'B' sont égaux..... Donc AB = A'B'....

2º Soient deux triangles ABC et A'B'C'. D'après ce qui vient d'être démontré; ils ont les côtés respectivement égaux.....

3º S'il s'agit de deux trièdres, on imaginera des longueurs égales portées sur toutes les arêtes, et on trouvera que les trièdres auront les faces respectivement égales.........

Pour deux angles solides quelconques, on les imaginera décomposés en trièdres......

<u>Exercice</u>. Répéter la démonstration dans les deux autres systèmes de symétrie.

244. <u>Scolie</u>. Deux figures symétriques planes peuvent toujours coïncider, parce qu'elles peuvent être retournées. Deux figures symétriques non planes ne peuvent coïncider; mais elles sont égales dans toutes leurs parties.

LIVRE II.

LES POLYÈDRES.

245. On appelle _polyèdre_ une étendue terminée de toutes parts par des faces planes.

Dans un polyèdre, on considère des _sommets_, des _arêtes_, des _faces_, des _dièdres_, des _angles solides_, et enfin des _diagonales_.

246. Le plus simple des polyèdres est celui qui a 4 faces; on le nomme _tétraèdre_; le _pentaèdre_ a 5 faces, l'_hexaèdre_ en a 6, l'_heptaèdre_ 7, l'_octaèdre_ 8, le _décaèdre_ 10, le _dodécaèdre_ 12, l'_icosaèdre_ 20.

247. On appelle _prisme_ un polyèdre qui a deux bases égales et parallèles, et qui est terminé latéralement par des parallélogrammes.

(La première figure ci-contre représente un prisme tel qu'on le voit au dehors; la deuxième figure suppose que les faces latérales sont transparentes et laissent voir l'intérieur.)

Un prisme est dit _droit_ ou _oblique_, suivant que ses arêtes latérales sont perpendiculaires ou obliques aux bases.

Toutes les arêtes latérales d'un prisme sont égales entre elles (212).

Dans un prisme droit, les faces latérales sont des rectangles.

Un prisme est dit _triangulaire_, _quadrangulaire_, _pentagonal_, etc, suivant le nombre des côtés de la base.

Un prisme est dit _régulier_ lorsqu'il est droit, et que sa base est un polygone régulier.

La _hauteur_ d'un prisme est la distance des deux bases.

248. On appelle _parallélipipède_ un prisme qui a pour bases des parallélogrammes.

Donc c'est un _hexaèdre_, et toutes ses faces sont des _parallélogrammes_.

9a

Comme tout autre prisme, le parallélipipède peut être droit ou oblique.

Le parallélipipède est dit rectangle, lorsqu'il est droit, et que ses bases sont des rectangles. — Dans les autres cas, il est dit obliquangle.

Dans un parallélipipède rectangle, toutes les faces sont des rectangles.

249. On appelle cube un parallélipipède rectangle dont toutes les faces sont des carrés.

Si l'arête d'un cube est de 1 mètre, l'étendue est nommée mètre cube. On concevra d'une manière analogue le décimètre cube, le centimètre cube (figure ci-dessus), et le millimètre cube ; et de même le décamètre cube, l'hectomètre cube et le kilomètre cube.

Chacun de ces cubes vaut 1000 fois le cube immédiatement inférieur. Par exemple, le mètre cube vaut 1000 décimètres cubes. En effet, supposons qu'on veuille emplir une caisse ayant la forme et les dimensions d'un mètre cube, avec des boîtes d'un décimètre cube. Le fond de la caisse est un mètre carré ; il faudra donc déjà 100 petites boîtes pour couvrir ce fond (169), et former une couche qui ne s'élèvera qu'à un décimètre de hauteur. Pour remplir la caisse, il faudra donc en tout 10 couches pareilles, et par conséquent 10 fois 100, ou 1000 décimètres cubes.

Donc, par rapport au mètre cube, les décimètres cubes sont des millièmes, les centimètres cubes des millionièmes, et les millimètres cubes des billionièmes.

250. On appelle volume d'un corps ce qui est l'étendue de ce corps eu égard au mètre cube.

Théorème I.

251. Dans un prisme quelconque, toute section faite parallèlement à la base est égale à cette base.

Soit FD un prisme quelconque, et KN une section parallèle à la base AD. Je dis que la surface de la section KN égale celle de la base AD.

En effet, KL et AB sont les intersections de deux plans

parallèles KN et AD par un troisième KB ; donc (211)
KL est parallèle à AB, donc ABLK est un parallélogramme ; donc KL = AB.

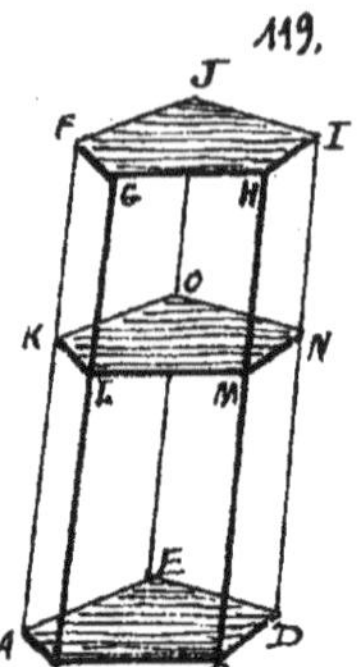

Il en est de même tout autour de la section
KN et de la base AD. Donc les angles K et A ont
les côtés respectivement parallèles et dirigés dans
le même sens ; donc ils sont égaux.

De même L = B, M = C, etc.

Donc les deux polygones KN et AD ont
les côtés et les angles respectivement égaux ; donc ils sont égaux....

Corollaire. Si un prisme est traversé en toutes ses arêtes
par deux plans parallèles entre eux, les deux sections sont égales.

Théorème II.

252. La surface latérale d'un prisme quelconque égale le produit
d'une arête latérale par le contour d'une section faite perpendiculairement
à cette arête.

... En effet, dans chaque face latérale, on peut prendre pour base l'arête
latérale, et la hauteur sera l'un des
côtés de la section ....

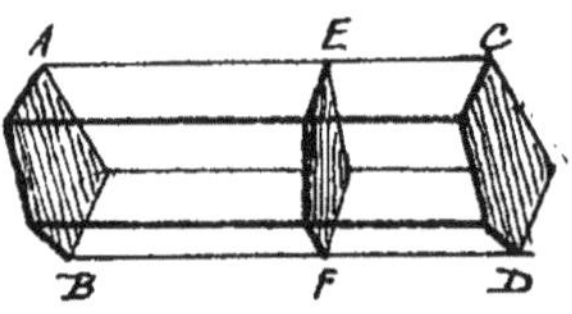

Corollaire. La surface latérale d'un prisme droit égale le produit
de sa hauteur par le périmètre de sa base.

Exercice. Que coûtera la maçonnerie d'un pavillon octogonal
de 3m. de côté, 4 m. de hauteur hors de terre et 1 m. de fondation, à
raison de 4 francs le mètre carré de maçonnerie ? (Les vides des
portes et fenêtres se comptent comme les parties pleines.)

Théorème III.

253. Dans tout parallélipipède, les faces opposées sont égales et parallèles.

Considérons, par exemple, les deux faces BE
et CH. Les faces latérales du solide étant des parallélogrammes (247), ainsi que les bases (248), les côtés de
la face BE sont égaux et parallèles à ceux de la face
CH, et les angles sont respectivement égaux (214)......

Corollaire. Dans un parallélipipède, on peut prendre pour bases deux faces opposées quelconques.

Théorème IV.

Le volume d'un parallélipipède rectangle égale le produit de ses trois dimensions. (C'est-à-dire que le nombre des mètres cubes contenus dans ce solide égale le nombre qu'on obtient en faisant le produit des trois dimensions.)

1.° Considérons le cas où le mètre se trouve contenu exactement dans les trois dimensions; soient 7ᵐ, 4ᵐ et 3ᵐ ces dimensions.

Le solide est décomposable en trois plateaux, ayant chacun 1m d'épaisseur, et 7m sur 4.

L'un quelconque de ces plateaux est décomposable en 7 solives ayant chacune 4m de longueur, et 1m sur 1m.

Enfin l'une quelconque des solives est décomposable en 4 cubes d'un mètre d'arête.

Ainsi une solive contient 4 mètres cubes; un plateau contiendra 7 fois 4 ou 28 m3; et le solide entier 3 fois 28 m3, ou 84 mètres cubes.....

(On pourrait aussi considérer ce parallélipipède comme une chambre qu'on voudrait remplir avec des boîtes d'un mètre cube.....).

2.° Considérons le cas où les dimensions contiendraient des fractions de mètre. Soient 7ᵐ20 , 4ᵐ75 et 3ᵐ15 ces dimensions.

Nous prendrons provisoirement le centimètre pour unité, et nous dirons que les dimensions sont 720, 475, et 315 centimètres. Le solide sera décomposable en 315 plateaux, chaque plateau en 720 solivettes, et chaque solivette en 475 centimètres cubes; et ainsi nous arriverons, pour le volume entier, à 107 730 000 centimètres cubes, ou (249) 107ᵐ³730 , en nous souvenant que les centimètres cubes sont des millionièmes du mètre cube.

Or, c'est précisément ce même nombre 107, 730 qu'on obtient en multipliant les trois dimensions d'après les lois ordinaires du calcul arithmétique. Donc le théorème est encore vrai dans ce cas.

Le raisonnement s'applique d'ailleurs, quelque petite que soit la partie du mètre à laquelle s'arrête l'expression des dimensions. Donc le théorème est vrai dans tous les cas.

255. *Scolie*. 1.º Soient a, b, c, les dimensions d'un parallélipipède rectangle; son volume sera abc.

2.º Le produit ab des deux premières dimensions exprime la surface de la base B sur laquelle le solide est posé. Donc on peut dire que le volume d'un parallélipipède rectangle égale le produit Bh de la base par sa hauteur.

3.º Dans un cube, les trois dimensions sont égales à l'arête. Donc le volume d'un cube est exprimé par la 3.º puissance a^3 de l'arête.

(C'est de là que vient l'usage d'appeler cube d'un nombre la 3.º puissance de ce nombre.)

256. *Exercices*. 1.º Calculer le volume d'air contenu dans une salle qui a pour dimensions 7^m, 6^m, 4^m.

2.º Calculer la surface intérieure totale de cette salle.

3.º Calculer l'une des diagonales du parallélipipède que forme cette salle.

4.º Les trois dimensions d'un parallélipipède étant a, b, c, exprimer le volume de ce parallélipipède, puis sa surface totale, puis la diagonale, et enfin l'arête du cube équivalent.

5.º L'arête d'un cube étant a, trouver l'expression de la diagonale de ce cube.

6.º Combien peut-on mettre de lits dans un dortoir de 30 m. de longueur, 7 de largeur, et 3,50 de hauteur, à raison de 10 mètres cubes d'air par personne?

7.º L'arche de Noé avait 300 coudées de longueur, 50 de largeur, et 20 de hauteur. D'après une coudée sculptée par les Hébreux sur une pyramide d'Égypte, cette mesure correspond à $0^m,555$. Quel était le volume de l'arche?

8.º La densité de l'or fondu est 19,258 (c'est-à-dire qu'un centimètre cube d'or fondu pèse 19 grammes 258.) Quelle arête faut-il donner à un cube d'or pour que son poids soit de 1 kilogramme?

Livre VII.

Théorème V.

257. Le volume d'un prisme quelconque égale le produit de sa base par sa hauteur.

1º. Le théorème est déjà démontré pour le cas d'un prisme parallélipipède rectangle (254).

2º. Considérons le cas d'un prisme parallélipipède droit ABDL, les bases étant des parallélogrammes quelconques, BD et MN.

Menons les plans AK et DH, perpendiculaires au plan de devant AN, et par suite à BL. Le solide AKDN sera un parallélipipède rectangle.

Il est facile de voir que les deux prismes triangulaires droits AEBM et DFCL ont des bases égales, et même hauteur; donc ils pourraient coïncider; donc ils sont égaux. Donc celui de droite peut être enlevé, et remplacé par celui de gauche.

Donc le parallélipipède donné équivaut au parallélipipède rectangle qui a même hauteur, et une base équivalente ....

3º. Considérons un prisme triangulaire droit ABCD.

Achevons le parallélipipède ABHCD. Les deux prismes triangulaires peuvent être tournés de manière à coïncider; donc ils sont égaux.

Donc le prisme triangulaire donné est la moitié du parallélipipède qui a même hauteur, et une base double ....

4º. Considérons un prisme droit quelconque ABCDEF.

Il est décomposable en prismes triangulaires droits, ayant tous même hauteur; et la somme de leurs bases forme la base totale ....

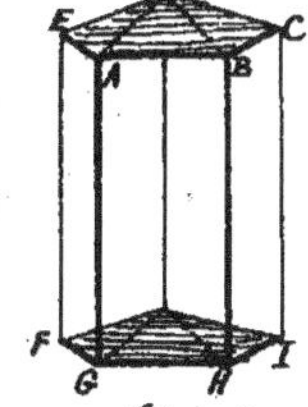

5º. Enfin considérons un prisme oblique quelconque A.

Construisons un prisme droit B qui ait même base et même hauteur que le prisme donné.

A une hauteur quelconque, faisons, dans les deux solides A et B, une section parallèle aux bases. Ces deux sections seront égales aux bases (254) et par conséquent égales entre elles.

Faisons de ces deux sections les bases supérieures de deux petits prismes droits a et b, de même hauteur. Ces deux prismes sont évidemment coïncidables, et par conséquent égaux. Et une construction pareille peut se répéter du haut en bas des deux solides. Dès lors, la démonstration de l'équivalence des deux solides se résume ainsi :

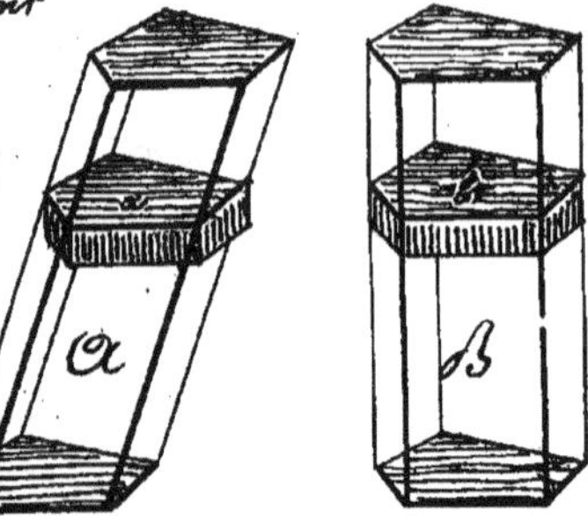

$$a = b$$

Donc . . . . $\Sigma\, a = \Sigma\, b$ *

Donc . . . . Limite $\Sigma\, a$ = Limite $\Sigma\, b$

Ou . . . . $A = B$.   C.Q.F.D.

Scolie. On peut aussi démontrer ce théorème par les infiniment petits, en considérant les deux solides comme formés par la superposition d'une infinité de surfaces égales deux à deux, chacune d'elles ayant une épaisseur infiniment petite.

258. _Corollaires._ 1°. Deux prismes qui ont des hauteurs égales et des bases équivalentes sont équivalents.

2°. La base supérieure d'un prisme peut se mouvoir dans son propre plan, en conservant ses côtés parallèles à leur position primitive, sans que le volume soit altéré.

3°. Deux prismes quelconques sont entre eux comme les produits des bases par les hauteurs : $\dfrac{P}{P'} = \dfrac{Bh}{B'h'}$.

Deux prismes qui ont des bases équivalentes sont entre eux comme les hauteurs ; et deux prismes de même hauteur sont entre eux comme leurs bases : $\dfrac{P}{P'} = \dfrac{Bh}{Bh'} = \dfrac{h}{h'}$ $\dfrac{P}{P'} = \dfrac{Bh}{B'h} = \dfrac{B}{B'}$.

---

* Σ. Lettre grecque (sigma), employée pour signifier _Somme_. $\Sigma\, a$ indique la _somme des prismes tels que_ a, c'est-à-dire de tous ceux qu'on peut faire ou concevoir du haut en bas.

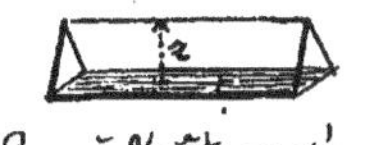

Exercices. 1° Démontrer que le volume d'un prisme triangulaire égale le produit d'une face latérale quelconque, par la moitié de la distance de cette face à l'arête opposée.

2° Démontrer que si la base d'un prisme droit est un polygone circonscrit, le volume de ce prisme égale le produit de sa surface latérale par la moitié du rayon du cercle inscrit à sa base.

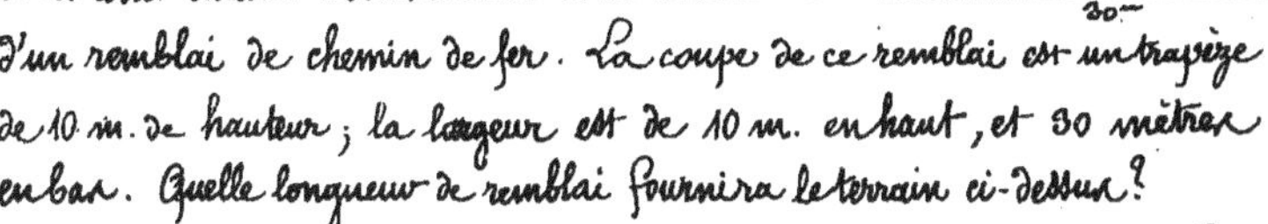

3° Un terrain de 130ᵐ sur 65 est en contre-haut de 6 mètres par rapport à une route qui le longe. On veut mettre cet emplacement de niveau avec la route; et les terres enlevées seront utilisées à la construction d'un remblai de chemin de fer. La coupe de ce remblai est un trapèze de 10 m. de hauteur; la largeur est de 10 m. en haut, et 30 mètres en bas. Quelle longueur de remblai fournira le terrain ci-dessus ?

259. On appelle <u>pyramide</u> un polyèdre ayant une base polygonale quelconque, et des faces latérales triangulaires qui se terminent en un même point.

Ce point est appelé le <u>sommet</u> de la pyramide.

(Imaginez une planchette polygonale ABCDE, et des fils partant des points A, B, C, D, E, et se réunissant en S.)

La <u>hauteur</u> d'une pyramide est la perpendiculaire abaissée du sommet sur la base :   SH.

Une pyramide est dite <u>triangulaire</u>, <u>quadrangulaire</u>, <u>pentagonale</u>, etc, suivant le nombre des côtés de la base.

260. Une pyramide est dite <u>régulière</u>, lorsque la base est un polygone régulier, et que la hauteur tombe au centre de ce polygone.

Alors les triangles latéraux sont tous égaux; et leur hauteur commune se nomme l'<u>apothème</u> de la pyramide. Il ne faut pas confondre cette hauteur des triangles latéraux, avec la hauteur de la pyramide.

En appelant a l'apothème d'une pyramide régulière, a' l'apothème de la base, et p le périmètre de cette base, on aura :

Surface de la base .... $\frac{1}{2} a'p$

Surface latérale .... $\frac{1}{2} ap$

Surface totale .... $\frac{1}{2} p(a+a')$ ou $p\left(\frac{a+a'}{2}\right)$

Ces mêmes formules s'appliquent au cas où la base est un polygone circonscrit, si en même temps la hauteur tombe au centre du cercle inscrit.

Théorème VI.

261. Si une pyramide est coupée par un plan parallèle à sa base, la section est une figure semblable à la base.

Et ces deux figures sont entre elles comme les carrés des hauteurs des deux pyramides partielle et totale.

1.º A chaque sommet, les deux figures ont des angles qui ont les côtés parallèles et de même sens (211); donc les angles sont respectivement égaux (214).

D'autre part, les triangles latéraux de la pyramide partielle sont respectivement semblables à ceux de la pyramide totale; et comme ces triangles se tiennent deux à deux, toutes les lignes de la pyramide partielle sont proportionnelles à celles de la pyramide totale ..... Donc la section est semblable à la base.

2.º On a:
$$\frac{\text{Section}}{\text{Base}} = \frac{\overline{A'B'}^2}{\overline{AB}^2} = \frac{\overline{SB'}^2}{\overline{SB}^2} = \frac{\overline{SH'}^2}{\overline{SH}^2} \cdots\cdots$$

Tri. SB'A' et SBA

Tri. SB'H' et SBH

(191)

Théorème VII.

262. Si deux pyramides ont des bases équivalentes et même hauteur, les sections faites à des hauteurs égales sont équivalentes.

Soient B et C les bases équivalentes, b et c les sections, h et H les hauteurs des pyramides partielle et totale. On a (261):
$$\frac{b}{B} = \frac{h^2}{H^2} = \frac{c}{C}$$

1.º pyr.   2.º pyr.

Donc $\dfrac{b}{B} = \dfrac{c}{C}$; et comme $B = C$,

on a aussi $\cdots\cdots\cdots\cdots\cdots\cdots\ b = c \cdots\cdots\cdots$ C.Q.F.D.

263. Scolie. Si B et C sont dans un rapport quelconque, b et c sont dans le même rapport.

Livre VII.

Théorème VIII.

264. Deux pyramides qui ont des bases équivalentes et des hauteurs égales sont équivalentes.

On a :

$$\text{Prisme } a = b$$
$$\Sigma\, a = \Sigma\, b$$
$$\lim \Sigma\, a = \lim \Sigma\, b$$

On $\qquad\qquad \alpha = \beta.$

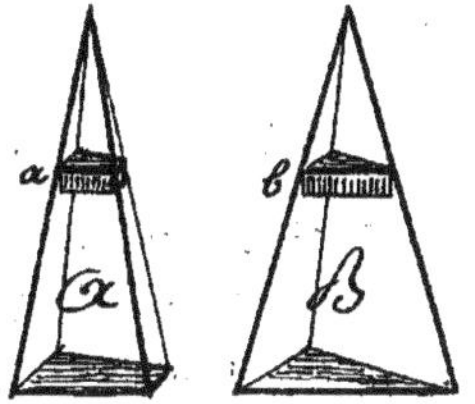

Corollaire. Le sommet d'une pyramide peut se mouvoir dans un plan parallèle à la base, sans que le volume soit changé.

Théorème IX.

265. Le volume d'une pyramide égale le $\frac{1}{3}$ du produit de sa base par sa hauteur.

1º Considérons d'abord une pyramide triangulaire $S\overline{ABC}$ (Nous nommerons toujours en premier lieu le point que nous choisirons comme sommet.) :

Achevons le prisme de même base et même hauteur, et concevons le plan DSC.

Le solide total se trouve ainsi formé de trois pyramides triangulaires, qu'on peut facilement comparer deux à deux :

$$S\overline{ABC} = C\overline{DSE} \quad ou \quad S\overline{DEC} = S\overline{DAC}.$$

Donc la pyramide considérée est le $\frac{1}{3}$ du prisme qui a même base et même hauteur.

2º Une pyramide quelconque est décomposable en pyramides triangulaires ayant toutes même hauteur.

266. _Scolie_. 1º Deux pyramides quelconques sont entre elles comme les produits des bases par les hauteurs : $\dfrac{\sigma}{\sigma'} = \dfrac{\frac{1}{3}Bh}{\frac{1}{3}B'h'} = \dfrac{Bh}{B'h'}$

2º Deux pyramides de bases équivalentes sont entre elles comme leurs hauteurs, et deux pyramides de même hauteur sont entre elles comme leurs bases.

3º Un prisme triangulaire est toujours décomposable en 3 pyramides équivalentes.

Exercice. La plus grande des pyramides d'Égypte a 146 mètres de hauteur ; sa base est un carré de 237 mètres de côté. Quel est son volume ?

Théorème X.

, 267. Le volume d'un tronc de pyramide à bases parallèles, égale le $\frac{1}{3}$ du produit de sa hauteur, par la somme des bases et d'une moyenne géométrique entre ces mêmes bases.

1° Soit d'abord le cas d'un __tronc triangulaire__.

Portons FG en CK, et menons KL parallèle à BD, et par suite à GH.

Nous appellerons h la hauteur du solide, B la grande base, B' la petite base, et B'' le triangle CKD.

CKGF est un parallélogramme ..... donc GK est parallèle au plan d'arrière FCDH

Le solide total se décompose en trois pyramides, savoir :

1° $G\overline{CBD}$, qui a pour mesure .... $\frac{1}{3} Bh$.

2° $G\overline{FDH}$ ou $D\overline{FGH}$, qui a pour mesure ...... $\frac{1}{3} B'h$.

3° $G\overline{FCD} = K\overline{FCD}$ ou $F\overline{CKD}$ .... $\frac{1}{3} B''h$.

Le volume total sera donc $\frac{1}{3} h (B + B' + B'')$.

Il reste à faire voir que B'' ou CKD est une __moyenne géométrique__ entre B et B'.

D'après les constructions, les deux triangles FGH et CKL ont un côté égal, FG, CK, adjacent à des angles respectivement égaux ; donc ils sont égaux. Ainsi CKL $= B'$. Dès lors, en se rappelant que deux triangles de même hauteur sont entre eux comme leurs bases, on dira :

$$\frac{B \text{ ou } CDB}{B'' \text{ ou } CDK} = \frac{CB}{CK} = \frac{CD}{CL} = \frac{CKD \text{ ou } B''}{CKL \text{ ou } B'}$$

On a donc bien $\frac{B}{B''} = \frac{B''}{B'}$; d'où $B'' = \sqrt{BB'}$ ....

2° Soit un __tronc pyramidal quelconque__ à bases parallèles ; appelons B et B' ses bases, et h sa hauteur.

Considérons la pyramide totale dont ce tronc fait partie ; et concevons une pyramide triangulaire ayant même base B (quant à l'étendue), et même hauteur totale

          Livre VII.

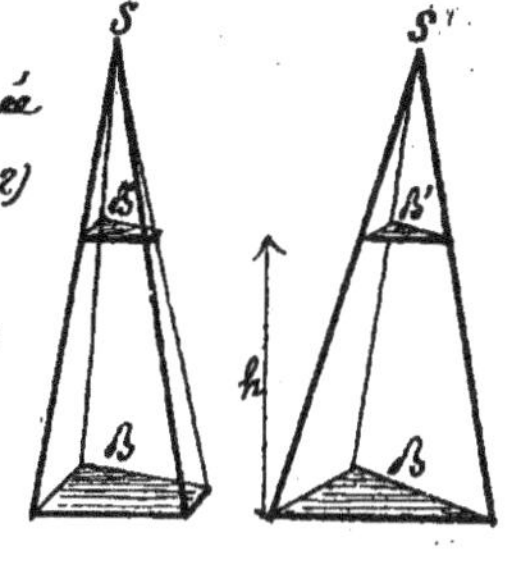

Une section faite à une hauteur marquée par h parallèlement à la base, donnera (262) une section équivalente à B'.

Les pyramides totales sont équivalentes (264); et il en est de même des pyramides partielles (264). Donc les deux troncs sont aussi équivalents.

Donc le volume du tronc donné égale $\frac{1}{3} h (B + B' + \sqrt{BB'})$

268. _Exercices_. 1° La base inférieure d'un tronc de pyramide a une surface de 8 mètres carrés, et la base supérieure 2 mètres carrés. On veut construire un prisme équivalent, ayant la même hauteur (qu'on ne donne pas), et ayant une base carrée. Quelle longueur faut-il donner au côté de la base ?

2° L'obélisque de Luxor, que l'on voit à Paris sur la place de la Concorde, est un monolithe (une seule pierre) en granit, dont la partie principale est un tronc pyramidal à bases carrées. Le côté de la base inférieure est de $2^m 42$, et celui de la base supérieure $1^m 54$. La hauteur, ou distance des bases, est $21^m 60$. Quel est le volume de cette pierre, et quel est son poids, sachant que la densité du granit est 2,75 ?

(Le pyramidion qui est à la partie supérieure ne fait qu'un avec la pyramide; il a $1^m 20$ de hauteur. Le piédestal est un magnifique bloc de granit.)

269. On appelle _tronc de prisme_ ce qui reste d'un prisme, lorsqu'on enlève une partie par un plan non parallèle aux bases.

Théorème XI.

270. Le volume d'un tronc de prisme triangulaire, égale le produit d'une section perpendiculaire aux arêtes latérales, par la moyenne arithmétique de ces mêmes arêtes.

1° Considérons le cas où l'une des faces extrêmes se trouve perpendiculaire aux arêtes latérales.

Le solide total est décomposable en trois pyramides triangulaires, à la manière d'un prisme complet.....................

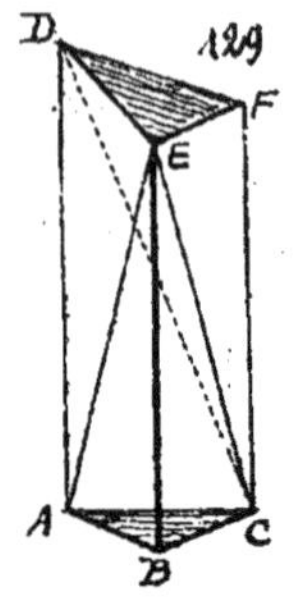

$$\begin{cases} 1^\circ. \ E\overline{ABC}, \text{ qui a pour volume} \dots\dots\dots\dots\dots \ \tfrac{1}{3} Bm \\ 2^\circ. \ E\overline{DFC} = B\overline{DFC} \text{ ou } D\overline{BFC} = A\overline{BFC} \text{ ou } F\overline{ABC}^{*} \dots \ \tfrac{1}{3} Bn \\ 3^\circ. \ E\overline{DAC} = B\overline{DAC} \text{ ou } D\overline{ABC} \ \dots\dots\dots\dots\dots \ \tfrac{1}{3} Bp \end{cases}$$

Donc le volume total égale $B\left(\dfrac{m+n+p}{3}\right)$.

2°. Si aucune des faces extrêmes n'est perpendiculaire aux arêtes latérales, on coupe le solide par une nouvelle section perp. à ces arêtes, et il se trouve ainsi décomposé en deux parties, qui rentrent chacune dans le cas précédent ....

271. *Exercices*. 1° Étant données trois droites perpendiculaires à un plan donné, on marque deux points quelconques sur chacune d'elles, et on forme un solide ayant pour sommets les six points points marqués. —— Démontrer que ce solide a pour mesure sa projection sur le plan multipliée par la moyenne arith-métique des trois arêtes perpendiculaires au plan.

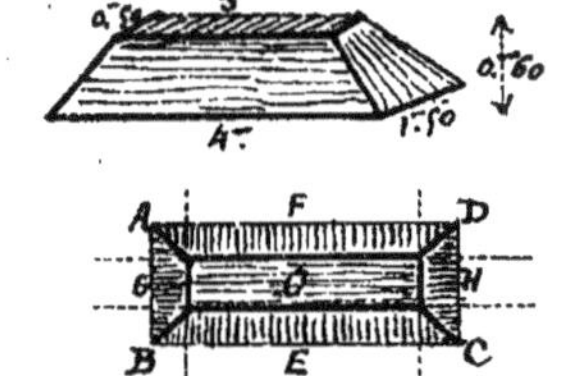

2° Quelle est la nature de ce solide ?

3° Que devient ce solide, lorsque, sur une ou deux des trois droites, les deux points marqués se réunissent en un seul ?

4° Démontrer que le volume d'une pyramide triangulaire, égale le 1/3 d'une arête quelconque, multipliée par la projection du solide entier sur un plan perpendiculaire à cette arête.

5° Évaluer le volume d'un tas de pierres menues destinées aux routes, d'après les dimensions de la figure ci-contre. (On peut imaginer le solide comme coupé par 4 plans parti-caux passant par les arêtes supérieu-res. Les quatre coins A,B,C,D, seront réunis en une pyramide, les parties F et E en un prisme, et même si l'on veut, en un parallélipipède; G et H de même; et le milieu O sera un ppp. rectangle.)

---

* On se rappelle que le sommet peut se mouvoir parallèlement à la base. On sait aussi qu'une pyramide triangulaire peut être assise sur une face quelconque. Ici nous nommons les 4 sommets, lors même que la pyramide n'est pas dessinée.

Théorème XII.

272. Si toutes les faces d'un polyèdre sont à égale distance d'un point intérieur, le volume de ce polyèdre sera égal au produit de sa surface totale par le 1/3 de la distance commune des faces au point intérieur.

En effet, ce polyèdre est décomposable en pyramides, ayant pour sommet commun le point intérieur, et pour base les diverses faces............

Théorème XIII.

273. On peut obtenir le volume d'un polyèdre quelconque.

Car on peut le décomposer en diverses pyramides, qu'on évalue séparément.........

274. _Scolie._ On peut souvent trouver le volume d'un corps ayant une forme quelconque au moyen de son poids.

1º Si le corps est homogène et d'une densité connue, on obtient le volume en divisant le poids par la Densité : $V = \dfrac{P}{D}$.

(Si le poids exprime des grammes, le volume viendra en centimètres cubes ; si le poids est en kilogrammes, le volume viendra en décimètres cubes ; et si le poids est en tonnes, le volume viendra en mètres cubes.)

2º Si le corps n'est pas homogène, on peut le peser d'abord dans l'air, puis dans l'eau, et faire la différence des deux poids ; le résultat exprimera le volume, à la condition de traduire gramme par centimètre cube, kilogramme par décimètre cube, tonne par mètre cube.

Exercices 1º La fonte de fer a pour densité 7,20. Quel est le volume d'un poêle en fonte, pesant 25 kilogrammes ?

2º Un bijou, composé de diverses substances, pèse 9 grammes dans l'air, et 5 gr. 1/2 lorsqu'il plonge dans l'eau. Quel est son volume ?

3º De 1795 à 1860, on a fabriqué en France une somme d'environ 5 milliards en pièces d'or au titre 9/10. La densité de l'or fondu est 19,258, et celle du cuivre 8,788. — Si l'on faisait fondre toute cette monnaie d'or, quel serait le volume de l'or obtenu? Quel serait le volume du cuivre ? — Si l'on faisait un cube avec l'or, et un avec le cuivre, quelles seraient les arêtes de ces deux cubes ?

275. On appelle _polyèdres semblables_ ceux qui ont les angles solides respectivement égaux, et les faces homologues semblables.

Axiome. Dans deux polyèdres semblables, les dièdres homologues sont égaux, et les dimensions homologues sont proportionnelles.

Théorème XIV.

276. En coupant une pyramide quelconque par un plan parallèle à la base, on obtient une pyramide partielle semblable à la pyramide totale.

.... Et d'abord, les faces latérales sont respectivement semblables, aussi bien que les bases (261).......

D'autre part, l'angle solide S est commun ; et les trièdres formés vers les bases sont respectivement égaux, comme ayant les faces égales chacune à chacune (235)......

Théorème XV.

277. Deux pyramides triangulaires sont semblables, lorsqu'elles ont un dièdre égal, compris entre des faces respectivement sembl., et semblablement placées.

..... Posons le dièdre $S'B'$ sur son égal SB, S' en S; B' arrivera en B''; $S'C'$ se posera en SC''; $B'C'$ viendra en $B''C''$ parallèlement à BC. Et il en sera de même sur la face SBA.

Donc le plan $A''B''C''$ est parallèle à ABC (214); donc (276) la pyramide $SA''B''C''$ est semblable à $SABC$......

Scolie. On démontrerait d'une manière analogue les autres cas de similitude :

Deux tétraèdres sont semblables quand ils ont une face semblable adjacente à des dièdres respectivement égaux, et semblablement disposés ;

— quand ils ont toutes leurs faces respectivement semblables ;

— quand ils ont tous leurs dièdres respectivement égaux ;

— quand ils ont toutes leurs arêtes proportionnelles ; et semblablement assemblées ;

— quand ils ont un angle solide égal, sous des arêtes proportionnelles ; et semblablement disposées.

Théorème XVI.

278. Deux polyèdres semblables sont décomposables en un même nombre de tétraèdres respectivement semblables, et semblablement disposés.

..... Concevons les plans ABC et A'B'C'. Les angles solides S et S' sont égaux (275); donc les dièdres SB et S'B' sont égaux; de plus les faces qui forment ces deux dièdres sont respectivement semblables (275); donc les triangles ASB et A'S'B' sont semblables; donc les deux tétraèdres SABC et S'A'B'C' sont semblables (277).

[Si on enlève ces deux tétraèdres, je dis que les polyèdres restants seront encore semblables entre eux.

En effet, une face nouvelle existe de part et d'autre: ABC, semblable à A'B'C', comme appartenant aux pyramides enlevées; et les faces modifiées, K, L, M, K', L', M', ont été diminuées de l'un des triangles semblables dont elles étaient composées; donc les parties restantes sont semblables.

Les angles solides A et A' étaient coïncidables; les parties qui leur ont été enlevées le sont aussi, comme appartenant à deux tétraèdres semblables; donc les angles solides restants en A et A' sont égaux.

Il en est de même en B et B', en C et C'.

Donc enfin les polyèdres restants sont semblables.

Et on peut répéter sur ces polyèdres restants la même opération faite sur les solides primitifs, jusqu'à ce qu'il ne reste plus que deux pyramides triangulaires, qui seront encore semblables entre elles....

(S'il y a plus de trois arêtes au même sommet, on peut couper en deux sens, de manière à obtenir une pyramide triangulaire.)

Théorème XVII.

279. Deux polyèdres semblables sont entre eux comme les cubes des dimensions homologues.

1° Soient d'abord deux pyramides semblables P et P'; B et B' leurs bases, h et h' leurs hauteurs; $a, b, c, ... a', b', c', ...$ des arêtes homologues. On a:

$$\frac{P}{P'} = \frac{\frac{1}{3}Bh}{\frac{1}{3}B'h'} = \frac{B}{B'} \cdot \frac{h}{h'} = \frac{h^2}{h'^2} \cdot \frac{h}{h'} = \frac{h^3}{h'^3} .... = \frac{a^3}{a'^3} = \frac{b^3}{b'^3} .....$$

2.º Soient P et P' deux polyèdres semblables quelconques; Q, R, S, ... Q', R', S', ... les pyramides respectivement semblables en lesquelles ils sont décomposables ; a, b, c, ... a', b', c' ..... les arêtes de liaison entre ces diverses pyramides. On aura : ....

$$\frac{a^3}{a'^3} = \frac{Q}{Q'} = \frac{b^3}{b'^3} = \frac{R}{R'} = \frac{c^3}{c'^3} = \frac{S}{S'} \ldots = \frac{Q+R+S \text{ ou } P}{Q'+R'+S' \text{ ou } P'}$$

280. <u>Scolie</u>. Dans deux solides semblables, si le rapport des dimensions homologues est $\frac{m}{n}$, le rapport des surfaces homologues sera $\frac{m^2}{n^2}$, et le rapport des parties solides homologues sera $\frac{m^3}{m'^3}$.

<u>Exercices</u>.1.º Dans le cas où l'on fait les plans d'un bâtiment à l'échelle de 1 centimètre pour mètre, que sont les dimensions, surfaces et volumes, représentés au plan, en égard aux dimensions, surfaces et volumes réels ?

2.º Établir, pour la Géométrie dans l'espace, les principes relatifs aux <u>centres de similitude</u> (111) .

281. On appelle <u>polyèdre régulier</u> celui dont toutes les faces sont des polygones réguliers égaux entre eux.

282. Il n'y a que 5 polyèdres réguliers possibles, savoir : ......

Le <u>tétraèdre</u>, l'<u>octaèdre</u> et l'<u>icosaèdre réguliers</u>, qui ont pour faces des triangles équilatéraux ;

L'<u>hexaèdre régulier</u> (ou le Cube), qui a pour faces des carrés ;

Et le <u>dodécaèdre régulier</u>, qui a pour faces des pentagones réguliers.

On démontre que ces polyèdres réguliers sont les seuls possibles, en remarquant qu'on ne peut former d'angle solide convexe avec des triangles équilatéraux qu'en en prenant 3, 4, ou 5 ; ....

avec des carrés, qu'en en prenant 3 ; ....

et avec des pentagones réguliers, qu'en en prenant 3.

Et les autres polygones réguliers n'en peuvent fournir (28, 237).

Voici la manière dont on peut découper des cartons, pour en former les 5 polyèdres réguliers :

Tétraèdre.
4

Octaèdre.
8

Icosaèdre.
20

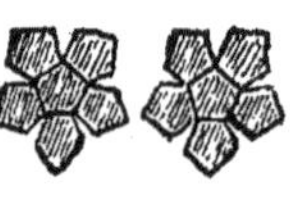

Hexaèdre.
6

Dodécaèdre.
12

LIVRE VIII.

LES CORPS RONDS

283. On appelle _corps ronds_ ceux qui sont terminés, en tout ou en partie, par des surfaces courbes.

Une _surface_ est dite _courbe_ quand elle n'est ni plane ni composée de surfaces planes.

284. Les principaux corps ronds sont ceux qu'on nomme _solides de révolution_; parmi ceux-ci, les plus remarquables sont le _cylindre_, le _cône_ et la _sphère_.

285. Le _cylindre_ est le solide engendré par un _rectangle_ tournant autour de l'un des côtés.

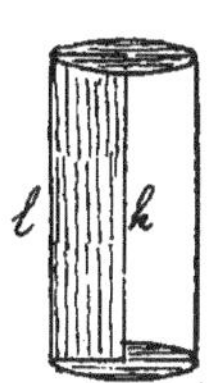

Ce côté est à la fois l'_axe_ et la _hauteur_ du cylindre; le côté opposé à l'axe est dit le _côté_ du cylindre. Les deux autres côtés sont les rayons des cercles qui servent de base au solide.

Le _cône_ est le solide engendré par un triangle rectangle tournant autour de l'un des côtés de l'angle droit.

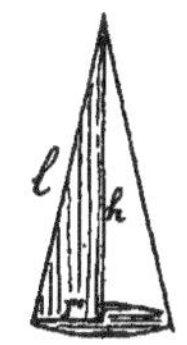

Ce côté est à la fois l'_axe_ et la _hauteur_ du cône; l'hypoténuse est le _côté du cône_, et l'autre côté est le _rayon_ du cône; c'est lui qui engendre le cercle qui sert de base au solide.

La _sphère_ est le solide engendré par un _demi-cercle_ tournant autour de son diamètre.

Le rayon, le diamètre et la circonférence de ce cercle sont dits le rayon, le diamètre et la circonférence de la sphère.

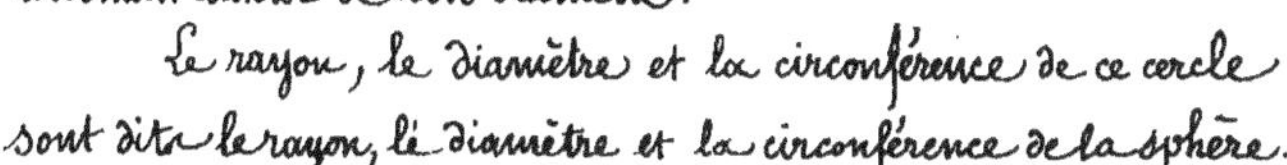

Dans toutes ces révolutions, chaque point décrit une ligne (une circonférence), chaque ligne une surface, chaque surface décrit un volume.

Théorème I.

286. Toute section faite dans un cylindre parallèlement aux bases, est un cercle égal aux bases.

..... En effet, dans le rectangle générateur $ABCD$, considérons une droite quelconque EF perpendiculaire à l'axe AB; Pendant le mouvement, les trois droites AD, EF et BC, égales et parallèles, décrivent des cercles égaux, perpendiculaires à AB, et par suite parallèles entre eux. Donc une section faite par le point F parallèlement aux bases, redonnerait le cercle décrit par EF.......

Théorème II,

287. Toute section faite dans un cône parallèlement à la base est un cercle.

En effet, dans le triangle rectangle générateur, considérons une droite quelconque DE, perp. à l'axe SA.

Pendant le mouvement, les deux droites parallèles AB et DE décrivent des cercles perpendiculaires à SA, et par conséquent parallèles entre eux.......

Scolie. A cause des triangles semblables SDE et SAB, on voit que les deux cercles sont entre eux comme $\overline{DE}^2$ et $\overline{AB}^2$, et par suite comme $\overline{SD}^2$ et $\overline{SA}^2$.

288. _Scolie_. Si du cône entier engendré par SAB, on retranche le cône partiel engendré par SDE, le solide restant sera un tronc de cône, qu'on peut considérer comme engendré par le trapèze rectangle $ADEB$.

Théorème III.

289. Toute section faite à une sphère par un plan est un cercle.

.....Du centre C, menons une perpendiculaire CA au plan sécant BD, et différentes obliques au périmètre de la section. Toutes ces obliques sont égales au rayon de la sphère; donc elles s'écartent également de la perpendiculaire.....

Scolie. Toute section plane faite par le centre de la sphère détermine un grand cercle ; toute autre donne un petit cercle.

Exercice. Dans une sphère de 0^m15 de rayon, évaluer la surface d'une section faite à 0^m10 du centre.

Théorème IV.

290. On peut évaluer la surface et le volume des corps ronds.

En effet, on conçoit sans peine qu'à un _cylindre_ donné, on peut inscrire ou circonscrire un prisme ; à un _cône_ donné, une pyramide ; à une _sphère_ donnée, un polyèdre........

Il est évident que, quant aux dimensions, à la surface et au volume, le _cylindre_ est la limite commune du prisme inscrit et du prisme circonscrit, lorsque le nombre des faces augmente indéfiniment.

Et il en est de même du _cône_ pour la pyramide, et de la _sphère_ pour le polyèdre.

Le _cylindre_ peut lui même être considéré comme un prisme d'une infinité de faces latérales infiniment petites ; et il en est de même du _cône_ à l'égard de la pyramide, et de la _sphère_ à l'égard du polyèdre.

A quelque point de vue qu'on se place, on voit qu'on peut appliquer immédiatement aux corps ronds les propriétés des polyèdres dont ils sont les limites (164). Ainsi se trouvent toutes démontrées les propriétés ci-après :

1º _La surface latérale_ d'un cylindre égale le produit de sa hauteur par la circonférence de sa base (252, coroll.) :

$$\text{Surf. lat.} = h.2\pi r = 2\pi r h \qquad \text{Surf. totale} = 2\pi r(r+h).$$

2º _Le volume_ d'un cylindre égale le produit de sa base par sa hauteur (257) :

$$V = Bh = \pi r^2 h$$

3º _La surface latérale_ d'un cône égale la moitié du produit de son côté par la circonférence de la base (260):

$$\text{Surf. latérale} = \tfrac{1}{2}\,l.\,2\pi r = \pi r l \qquad\qquad \text{Surf. totale} = \pi r\,(r+l).$$

4°. Le <u>volume d'un cône</u> égale le 1/3 du produit de sa base par sa hauteur (265).
$$V = \tfrac{1}{3}Bh = \tfrac{1}{3}\pi r^{2}h.$$

5°. Le volume <u>d'un tronc de cône</u> égale le 1/3 du produit de sa hauteur par la somme des bases et d'une moyenne géométrique entre ces mêmes bases (267):
$$V = \tfrac{1}{3}h\,(B+B'+\sqrt{BB'}) = \tfrac{1}{3}h\,(\pi r^{2}+\pi r'^{2}+\sqrt{\pi^{2}r^{2}r'^{2}}) = \tfrac{1}{3}\pi h\,(r^{2}+r'^{2}+rr').$$

6°. Le volume <u>d'une sphère</u> égale le 1/3 du produit de sa surface par son rayon (272):
$$V = \tfrac{1}{3}Sr.$$

(Nous verrons bientôt le moyen d'avoir la surface de la Sphère : il sera prouvé que cette surface vaut $4\pi r^{2}$.)

<u>Scolie</u>. On considère quelquefois des <u>cylindres</u> et des <u>cônes à bases quelconques</u>. Ce ne sont plus alors des solides de révolution. Leur volume s'obtient comme celui du cylindre et du cône circulaires. Il en est de même pour la surface latérale du cylindre à base quelconque.

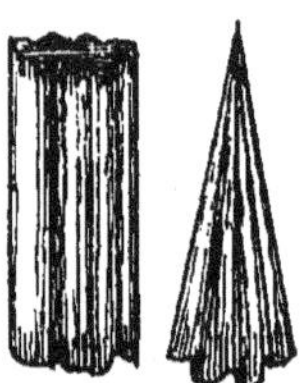

<u>Exercices</u>. 1°. Un triangle équilatéral de 1 décimètre de côté tourne autour de l'un de ses côtés. Quel est le volume engendré ?

2°. L'hectolitre qui sert à la mesure des grains est un cylindre dont le diamètre égale la hauteur. Quelles doivent être ses dimensions ?

3°. Le litre usuel est un cylindre dont la hauteur est double du diamètre. Quelles doivent être ses dimensions ?

4°. Avec trois masses égales et homogènes de terre glaise, on construit une sphère, un cylindre et un cône ; dans les trois corps, le diamètre est de 1 décimètre. Calculer les hauteurs du cylindre et du cône.

□ **Théorème V.** □

291. La surface latérale d'un tronc de cône égale le produit du côté par la demi-somme des circonférences des bases.

Considérons un instant le cône entier, et imaginons que sa surface, infiniment petite en épaisseur, puisse être enlevée du solide.

Si on fend cette surface suivant l'hypoténuse SA du triangle rectangle générateur, elle pourra être posée à plat sur un plan, et elle présentera la forme d'un _secteur de cercle_ SABA'; la surface latérale du cône partiel sera le petit secteur SCDC'; et enfin, la surface latérale du tronc de cône sera le _trapèze circulaire_ CA'.

Or, ce trapèze circulaire peut être considéré comme la limite d'une série de trapèzes rectilignes ayant tous l pour hauteur.......

On peut aussi considérer ce trapèze circulaire comme formé d'une infinité de petits trapèzes ayant l pour hauteur.......

292. _Scolie._ 1°. La surface latérale d'un tronc de cône a pour expression $l \cdot \dfrac{2\pi r + 2\pi r'}{2} = l \cdot 2\pi \dfrac{r+r'}{2} = 2\pi r'' l$, r'' étant une moyenne arithmétique entre r et r'.

293. 2°. Il est facile de voir que la circonférence $2\pi r''$ est justement celle qui serait décrite à égale distance des deux bases; on peut l'appeler circonférence moyenne, et on dira : _La surface latérale d'un tronc de cône égale le produit du côté par la circonférence moyenne._

294. 3°. La surface latérale d'un _tronc de pyramide circonscrite à un cône_ égale le produit de la hauteur commune aux trapèzes latéraux, par la demi-somme des périmètres des bases.

Théorème VI.

295. On peut exprimer la surface latérale d'un tronc de cône en fonction de sa hauteur.

Soit ABCD le trapèze rectangle générateur. Menons AE parallèle à DC, GF perp. au milieu de CD, et FH perp. au milieu de AB.

Les deux triangles rectangles AEB et FGH ont les côtés respectivement perpendiculaires; donc ils sont semblables, et ils donnent :

$$\frac{l}{h} = \frac{r'''}{r''} \qquad \text{d'où} \quad r''l = r'''h \qquad \text{et} \quad 2\pi r''l = 2\pi r'''h.$$

Or (293), $2\pi r''l$ exprime la surface latérale du tronc de cône;

donc aussi $2\pi \mathrm{I}''h$. Donc <u>La surface latérale d'un tronc de cône</u> <u>égale le produit de sa hauteur, par la circonférence qui a pour rayon</u> <u>la perpendiculaire menée au milieu du côté, et s'arrêtant à l'axe</u>.

Théorème VII.

296. *Si une ligne <u>brisée régulière</u>* ABCD *tourne autour d'un axe* MN *situé dans son plan et passant par son centre* 0, *la surface engendrée par cette ligne brisée égale le produit de sa projection* $\overline{ad}$ *sur l'axe, par la circonférence inscrite (celle qui a pour rayon l'apothème* OH*)*.

..... En effet, chacune des lignes AB, BC, CD, décrit une surface latérale de tronc de cône .... Donc la surface totale sera (295) : ....

$$(\overline{ab}+\overline{bc}+\overline{cd}).\, \mathrm{Cir.}\,\overline{OH}, \text{ ou simplement : } \overline{ad}.\,\mathrm{cir}\,\overline{OH}.$$

C. Q. F. D.

297. On appelle <u>zône</u> la partie de la surface de la sphère, comprise entre deux plans parallèles.

Le volume compris est appelé <u>segment sphérique</u>.

Le segment sphérique a deux cercles pour bases ; mais l'une des deux bases peut être nulle.

La zône est la surface latérale du segment sphérique.

Théorème VIII.

298. *L'aire d'une <u>zône</u> égale le produit de sa hauteur par la circonférence entière de la sphère.*

..... En effet, la zône ABCD est engendrée par la révolution de l'arc AB autour du diamètre MN. Or cet arc est la limite vers laquelle tend une ligne brisée régulière inscrite, le nombre des côtés augmentant indéfiniment. On a donc pour la limite comme pour la variable : $S = h.\,\mathrm{cir}\,\mathrm{I}$ ou $S = 2\pi r h$.

299. *Scolie.* L'aire de la zône égale la surface latérale du cylindre qui a pour rayon le rayon même de la sphère, et pour hauteur la hauteur de la zône.

300. <u>Corollaire.</u> Sur une même sphère, ou sur des sphères égales, les zones de même hauteur sont équivalentes ; et deux zones quelconques sont-entre elles comme leurs hauteurs.

$$\boxed{\text{Théorème IX.}}$$

301. L'aire de la sphère égale le produit de sa circonférence par son diamètre.

En effet, en divisant la sphère en diverses zones, dont les hauteurs respectives soient $a, b, c, \ldots$ la surface totale sera (298) : $2\pi r.(a+b+c\ldots)$, ou $2\pi r.2r$ ....

302. <u>Scolie.</u> 1º L'aire de la sphère a pour formule $\underline{2\pi r.2r}$ ou $\underline{4\pi r^2}$. Donc (185, Scolie, 1º) l'aire de la sphère vaut 4 fois celle d'un cercle de même rayon.

303. 2º Nous savons déjà (290) que le <u>volume de la sphère</u> égale le $\frac{1}{3}$ du produit de sa surface par son rayon. On aura donc, pour l'expression algébrique du volume de la sphère : $\frac{4\pi r^2.r}{3}$ ou $\frac{4}{3}\pi r^3$

304. 3º On peut exprimer l'aire et le volume de la sphère en fonction du diamètre. Il suffit de remarquer que d^2 vaut $(2r)^2$ ou $4r^2$, et que d^3 vaut $(2r)^3$ ou $8r^3$. Et l'on trouve : ....

$$\left\{\begin{array}{l}\text{Surface de la Sphère} \ldots\ldots\ldots\; 4\pi r^2 \ldots \text{ou} \ldots \pi d^2 \\ \text{Volume de la Sphère} \ldots\ldots \frac{4}{3}\pi r^3 \ldots \text{ou} \ldots \frac{1}{6}\pi d^3\end{array}\right.$$

$$\boxed{\text{Théorème X.}}$$

305. Si on circonscrit un cylindre à une sphère, les surfaces de ces deux solides sont entre elles comme les volumes compris.

En effet, la surface latérale du cylindre sera $2\pi r.2r$ ou $4\pi r^2$, ce qui est juste la surface de la sphère ; et la surface totale du cylindre sera $4\pi r^2 + 2\pi r^2$ ou $6\pi r^2$.

On aura donc $\quad \dfrac{\text{Surf. Sphère}}{\text{Surf. Cylindre}} = \dfrac{4\pi r^2}{6\pi r^2} = \dfrac{2}{3}$

D'autre part, le volume du cylindre sera $\pi r^2.2r$ ou $2\pi r^3$

Donc on aura $\quad \dfrac{\text{Vol. Sphère}}{\text{Vol. Cylindre}} = \dfrac{\frac{4}{3}\pi r^3}{2\pi r^3} = \dfrac{4\pi r^3}{6\pi r^3} = \dfrac{2}{3}$

Ainsi, la surface de la Sphère est les 2/3 de celle du cylindre circonscrit, et le volume de la Sphère est aussi les 2/3 de
celui du cylindre ....

Scolie. Si deux polyèdres quelconques sont circonscrits à une
même sphère ou à des sphères égales, leurs volumes sont entre eux comme leurs surfaces (272).

Exercices. 1°. Quel serait le volume d'une sphère circonscrite
à un cube de 1 décimètre de côté ?

2°. Quel diamètre intérieur faut-il donner à une sphère
creuse pour que sa contenance soit d'un litre ?

3°. Quel diamètre faudrait-il donner à une sphère pour que
sa surface fût de 1 mètre carré ?

Théorème XI.

306. Si un triangle tourne autour d'un axe situé dans son
plan, et passant par l'un des sommets, le volume engendré égale
le 1/3 du produit de la hauteur qui part de ce sommet, par la surface
que décrit le côté opposé à ce même sommet.

1°. Considérons d'abord le cas où le triangle
touche à l'axe par un côté tout entier BC.

Le volume en question sera la somme
des cônes engendrés par les triangles rectangles
BDA et CDA. On aura donc : Volume engendré
par ABC égale $\frac{1}{3}\pi d^2 m + \frac{1}{3}\pi d^2 n = \frac{1}{3}\pi d^2 a =$
$= \frac{1}{3}\pi d\, d\, a = \frac{1}{3}\pi d\, b\, h = \frac{1}{3}h\cdot \text{Surf.}\,AC\,^* \ldots$

2 fois la Surf. du tri.

(Car $\pi d b$ exprime la surface latérale du cône engendré par le triangle rectangle CDA (290).)

---

* Surf. AC signifie la surface engendrée par AC.

2º Soit maintenant un triangle BAC⌣, ne touchant à l'axe que par le sommet B.

On aura : Vol BAC = Vol BAE − Vol BCE....

$$= \tfrac{1}{3}\, h.\ Surf\ AE - \tfrac{1}{3}\, h.\ Surf\ CE$$

$$= \tfrac{1}{3}\, h.\ Surf\ AC..............$$

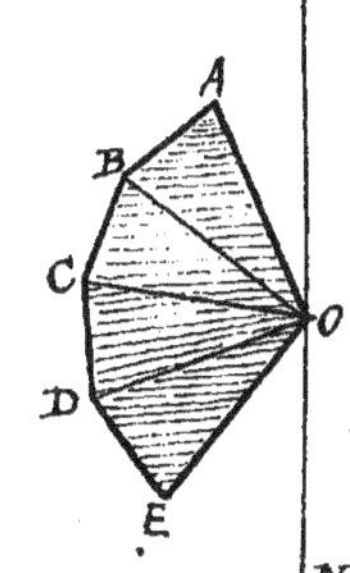

—— Cette démonstration reste vraie⌣, quelque éloignée que soit la rencontre — E ; donc le théorème est vrai encore à la limite, c'est-à-dire lorsque AC est parallèle à l'axe MN.

Exercices. 1º Démontrer directement ce théorème pour le cas où AC est parallèle à l'axe MN.

2º Démontrer que si un secteur polygonal régulier tourne autour d'un axe situé dans son plan et passant par son centre, le volume engendré égale le ⅓ du produit de l'apothème par la surface qu'engendre la ligne brisée régulière.

3º Remplacer ce secteur polygonal régulier par un secteur de cercle.

4º Arriver, par cette autre voie, au volume de la sphère déjà trouvé précédemment.

5º Le triangle ABC tourne autour de l'axe MN situé dans son plan. Calculer le volume engendré, d'après les dimensions indiquées ci-après :

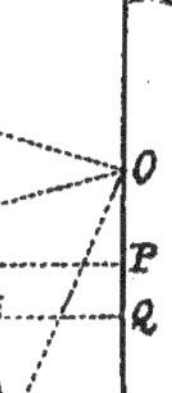

AB...... 25 millim.	DP..... 18 millim.	OG...... 15 millim.
AC ..... 32 „	EQ ...... 10 „	OH..... 12 „
BC ..... 17 „	FR ..... 14 „	OK.... 25 „

(D, E, F, sont les milieux des côtés ; O est un point quelconque pris sur l'axe MN. On considèrera trois triangles tournants : AOB, AOC et BOC......).

APPENDICE I.
FIGURES SPHÉRIQUES.

307. On appelle <u>figures sphériques</u> des figures tracées sur une sphère, avec des <u>arcs de grands cercles</u> (289, Scolie).

Dans cette étude, qu'on peut appeler <u>Géométrie sphérique</u>, on considère des <u>angles</u>, des <u>triangles</u>, des <u>polygones</u>.

308. <u>Axiome</u>. Par un point donné sur une sphère, on peut faire passer une infinité d'arcs de grands cercles.

Par exemple, par les pôles d'un Globe terrestre, on conçoit une infinité de méridiens.

Théorème I.

309. Par deux points donnés sur une sphère, on ne peut faire passer qu'un seul arc de grand cercle.

En effet, un grand cercle est un cercle dont le plan passe par le centre ; or par le centre et les deux points donnés, on ne peut faire passer qu'un seul plan (201, 2°)...

310. <u>Scolie</u>. 1° Il faut excepter le cas où les deux points donnés seraient les extrémités d'un même diamètre de la sphère.

2° Sur la sphère, deux arcs de grands cercles ne sauraient être parallèles (puisque leurs plans passent nécessairement par le centre.)

3° Par deux points donnés sur la sphère, on peut faire passer une infinité de petits cercles.

Théorème II.

311. Sur la sphère, le plus court chemin d'un point à un autre est l'arc de grand cercle qui passe par ces deux points.

En effet, il ne faut pas songer ici à la ligne droite, si ce n'est pour s'en rapprocher le plus possible. Or, de tous les arcs qu'on fait passer par deux points donnés, le plus court, celui qui se rapproche le plus de la ligne droite, est évidemment celui qui appartient au cercle le plus grand........

312. <u>Scolie.</u> Dans la circonférence entière qui passe par les deux points, il y a deux parties inégales : c'est évidemment la plus courte que nous avons en vue.

$$\boxed{\text{Théorème } III.}$$

313. Le compas peut servir à tracer sur une boule des arcs de grands cercles.

Soit BD un grand cercle; concevons PP' perp. au plan BD, et passant par le centre.

Toutes les obliques telles que PA s'écarteraient également de la perpendiculaire; donc elles sont égales; donc le point P est également distant de tous les points de la circonférence $ABCD$.

Donc du point P, avec l'ouverture PA, on peut décrire la circonférence de grand cercle $ABCD$. Et il est évident que le point P peut occuper une place quelconque sur la sphère, et par suite, qu'on peut, avec cette même ouverture PA, décrire des arcs de grands cercles partout où on voudra.

314. <u>Scolie</u> 1: Le point qui sert comme de centre à un arc de grand cercle se nomme pôle de cet arc.

2: Un même grand cercle $ABCD$ a toujours deux pôles opposés P et P'; il peut être décrit de l'un ou de l'autre indifféremment.

3: Le cercle décrit d'un pôle quelconque peut être nommé <u>équateur</u> de ce pôle.

4: Le rayon de la sphère étant r, l'ouverture PA qu'il faut prendre pour décrire des arcs de grands cercles, égale $r\sqrt{2} = r\,(1,414...)$ —— (Voir . N: 147).

5: La ligne des pôles est perpendiculaire au centre de l'équateur. Et réciproquement, le plan d'un arc de grand cercle est perpendiculaire au milieu de la ligne des pôles de cet arc.

6°. Le chemin d'un pôle à son équateur est toujours d'_un quadrant_ (un quart de grand cercle).

7°. Étant donné un grand cercle ABCD, ou seulement un arc de ce cercle, on peut retrouver le pôle de cet arc, à l'aide du compas, et de l'ouverture $r(1,414)$.

Exercice. Quelle ouverture de compas faut-il prendre pour décrire des arcs de grands cercles sur une boule de $0^m,25$ de diamètre ?

315. Un _angle sphérique_ est une ouverture plus ou moins grande entre deux arcs de grands cercles: c'est l'_angle dièdre_ formé par les plans des deux cercles auxquels ces arcs appartiennent.

$$\boxed{\text{Théorème IV.}}$$

316. Un angle sphérique a pour mesure l'arc d'équateur compris entre ses côtés, et décrit de son sommet comme pôle.

Soit A cet angle, et BC l'arc d'équateur compris entre ses côtés, et décrit de son sommet A comme pôle.

Achevons le plan de l'équateur. Ce plan est perpendiculaire à la ligne des pôles AA'. Donc l'angle dièdre BAA'C (ou l'angle donné A) correspond à l'angle plan BOC (223), lequel a pour mesure l'arc BC.....

Exercice. Suez est à 30 degrés 16 minutes de longitude orientale, et Calcutta à 86 degrés de longitude orientale. Quel est l'angle formé par les méridiens de ces deux villes ?

$$\boxed{\text{Théorème V.}}$$

317. Dans tout triangle sphérique, chaque côté est plus petit que la somme des deux autres, et plus grand que leur différence.

Soit ABC un triangle sphérique quelconque ; concevons le trièdre central OABC. Les faces de ce trièdre sont des angles plans, qui ont respectivement pour mesures les côtés a, b, c, du triangle considéré.

Donc, entre ces côtés $\underline{a}, \underline{b}, \underline{c}$, existe la même condition qu'entre les faces du trièdre O (232) ......

318. *Scolie.* Les angles du trièdre central O sont en même temps les angles du triangle sphérique ABC. Il y a donc une liaison intime entre ces deux figures; et les propriétés de l'une conduisent aux propriétés de l'autre.

$$\boxed{\text{Théorème VI.}}$$

319. Dans tout polygone sphérique convexe, la somme des côtés est toujours moindre que la circonférence d'un grand cercle.

...... Concevons l'angle solide central correspondant O. La somme de ses faces est moindre de 4 Droits (237); donc la somme de leurs mesures est moindre qu'une circonférence de grand cercle ......

Corollaire. La somme des trois côtés d'un triangle sphérique est toujours moindre qu'une circonférence de grand cercle.

320. Un premier triangle est dit <u>polaire</u> d'un autre, lorsque les sommets du premier sont les pôles respectifs des côtés du second.

Ainsi, si les points A', B', C', sont les pôles respectifs des ... $\underline{a}, \underline{b}, \underline{c}$, le triangle A'B'C' est dit le polaire de ABC.

$$\boxed{\text{Théorème VII.}}$$

321. Si un premier triangle est polaire d'un second, celui-ci est aussi polaire du premier.

Soit donné le triangle A'B'C', polaire de ABC; je dis que ABC est aussi polaire de A'B'C'.

En effet, B' est le pôle de $\underline{b}$; donc l'arc B'A est un quadrant (314, 6°).

De même, C' est le pôle de $\underline{c}$; donc l'arc C'A est un quadrant.

Donc le point A est distant d'un quadrant des points B' et C'. Donc ce point A est le pôle de l'arc B'C' ou $\underline{a}'$.

On prouverait de même que B est le pôle de $\underline{b}'$, et C le pôle de $\underline{c}'$ ......

Théorème VIII.

322. Dans deux triangles polaires, chaque angle de l'un est le supplément du côté opposé dans l'autre.

Et pour cette raison, deux triangles polaires sont en même temps appelés *triangles supplémentaires*.

En effet, B' est le pôle de ACH; donc $B'H$ est un quadrant (314, 6°). C' est le pôle de ABG; donc $C'G$ est un quadrant.

D'autre part, A est le pôle de a'; donc mesure de A égale GH (316).

Donc, quant au nombre des degrés, on a : $A + a' = \widehat{GH} + \widehat{B'C'} = \widehat{B'H} + \widehat{GC'} = $ 1 quadrant plus 1 quadrant, $=$ 180 degrés.........

On démontrerait de même que B et b' sont supplémentaires, ainsi que C et c'.

Et la même démonstration peut se répéter entre A' et a, B' et b, C' et c.

323. *Scolie.* 1°. Si l'on considère les deux trièdres correspondants à deux triangles polaires ou supplémentaires, on conclura que les faces de chacun sont les suppléments des dièdres de l'autre, et que chaque arête de l'un est perpendiculaire à la face opposée de l'autre.

Donc ce sont deux *trièdres supplémentaires* (242 ter).

2°. Les propriétés des triangles polaires amènent celles des trièdres supplémentaires, et réciproquement.

Exercice. Dans un triangle sphérique, on connaît : ....

$$\text{Côtés} \begin{cases} a \ldots\ldots 65°\,25' \\ b \ldots\ldots 75°\,23' \\ c \ldots\ldots 56°\,15' \end{cases} \qquad \text{Angles} \begin{cases} A \ldots\ldots 69°\,55' \\ B \ldots\ldots 88°\,24' \\ C \ldots\ldots 59°\,12' \end{cases}$$

On demande quels sont les côtés et les angles du triangle polaire correspondant.

Si la sphère a un rayon de 1 décimètre, quelles sont les longueurs absolues des côtés de ces deux triangles ?

Théorème IX.

324. Deux triangles tracés sur la même sphère, ou sur des sphères égales, sont égaux :

1º Lorsqu'ils ont un angle égal compris entre des côtés respectivement égaux ;

2º Lorsqu'ils ont un côté égal adjacent à des angles respectivement égaux ;

3º Lorsqu'ils sont équilatéraux entre eux (c'est-à-dire lorsqu'ils ont les côtés respectivement égaux) ;

4º Lorsqu'ils sont équiangles entre eux.

Tout cela se démontre immédiatement, en se reportant aux *trièdres centraux* correspondants...........

On peut aussi le démontrer directement......

325. *Scolie.* 1º Si les éléments des deux triangles qu'on considère sont disposés dans un ordre inverse, il y a égalité par symétrie. —— Les deux triangles seraient superposables, si l'un d'eux était retourné dans sa courbure, à la façon d'une calotte.

2º Pour trouver des figures sphériques *semblables*, il faut considérer des constructions homologues, exécutées sur des sphères de rayons différents. Alors on retrouve une théorie de *similitude* analogue à celle qu'on voit dans la *Géométrie plane*.

Deux *triangles sphériques semblables* correspondent à des *trièdres centraux égaux* ; ils ont réellement les mêmes angles, leurs côtés sont des arcs respectivement semblables, dont les longueurs absolues sont proportionnelles.

Exercice. Sur une sphère de $0^m,12$ de rayon, on trace un triangle dont les côtés ont pour longueurs absolues $0^m,8$, $0^m,10$ et $0^m,11$. Quelles sont les longueurs des côtés d'un triangle semblable sur une sphère de $0^m,34$ de rayon ?

Théorème X

326. Dans tout triangle sphérique, la somme des côtés est comprise entre 0 et 360 degrés, et la somme des angles entre 2 et 6 Droits.

La première partie du théorème résulte immédiatement d'un théorème déjà démontré sur les faces du trièdre correspondant (237)...

La deuxième partie se prouve en considérant le triangle supplémentaire, puis les deux trièdres centraux correspondants (237. 4ᵐᵉ)........

On peut aussi faire la démonstration de cette deuxième partie d'une manière directe, à l'aide du triangle supplémentaire (322) :

$$A + a' = 2D$$
$$B + b' = 2D$$
$$C + c' = 2D$$

Donc $(A+B+C) + (a'+b'+c') = 6D.$

D'où $A+B+C = 6D - (a'+b'+c')$

Or, la partie soustractive $(a'+b'+c')$ est variable entre 0 et $4D$. (319) ; donc le reste est variable entre $6D$ et $2D$.....

327. _Scolie._ La somme des angles d'un triangle sphérique égale 2 Droits, plus un excédent variable, qu'on nomme l'_excès sphérique_ du triangle.

L'_excès sphérique_ d'un triangle a donc pour expression $A+B+C-2D$.

328. On appelle _fuseau sphérique_ la surface sphérique comprise entre deux arcs de grands cercles, d'un pôle à l'autre.

C'est comme un polygone de deux côtés, un _bigone_.

L'_angle d'un fuseau_ est l'angle dièdre des plans des deux grands cercles qui déterminent le fuseau.

Cet angle a pour mesure l'_arc d'équateur compris_ entre les deux cercles.

Il est évident qu'un fuseau est par rapport à la surface totale de la sphère, ce que son arc est à une circonférence entière.

Exercices. 1ᵉ Le rayon de la Terre étant compté de 6 367 kilomètres, quelle est la surface du fuseau formé par les méridiens de Suez et de Calcutta (Voir l'exercice du N: 316) ?

2ᵉ Quel est le nombre des degrés d'un fuseau qui est les 3/16 de la surface entière de la sphère ?

3ᵉ Une boule a un mètre de circonférence ; quel est le nombre des degrés d'un fuseau qui a une étendue de 1 décimètre carré ?

 Figures sphériques.

Théorème XI

329. Si l'on achève les circonférences auxquelles appartiennent les côtés d'un triangle sphérique, on obtient à l'opposé un nouveau triangle sphérique symétrique du premier.

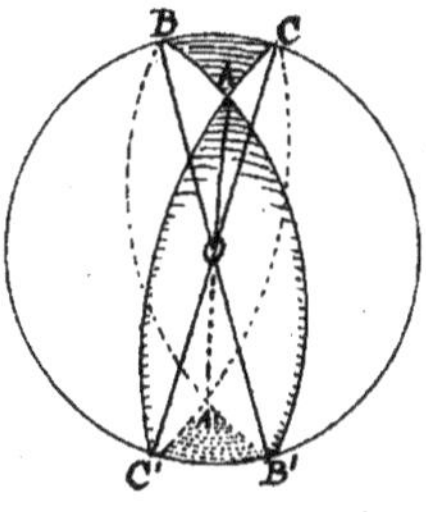

En effet, les plans des cercles déterminent deux trièdres opposés symétriques; donc, leurs éléments (angles et faces) sont respectivement égaux. Donc, dans les triangles sphériques correspondants, les éléments (angles et côtés) sont aussi respectivement égaux, quoique disposés dans un ordre inverse.

330. _Scolie._ Deux triangles symétriques sont égaux en surface (325).

Théorème XII.

331. Si deux arcs de grands cercles se coupent dans un hémisphère, la somme des deux triangles opposés équivaut au fuseau entier compris entre ces deux arcs.

En effet, dans la figure ci-dessus, on a (330): . . . .
$$\text{Triangle } ABC' + ABC = AB'C' + A'B'C' = \text{fuseau } A \ldots$$

Théorème XIII.

332. L'aire d'un triangle sphérique est à l'aire de la sphère entière, comme son excès sphérique est à 8 angles droits. (327).

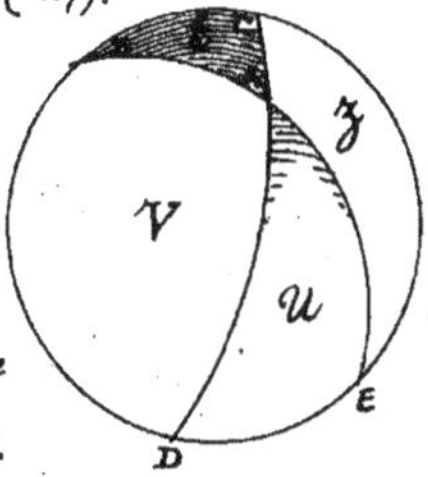

En effet, on a (331):
$$E + U = \text{fuseau } A$$
$$E + Z = \text{fuseau } B$$
$$E + V = \text{fuseau } C$$

D'où . . . $\tfrac{1}{2}$ Surf. Sphère $+ 2E = $ fus $A +$ fus $B +$ fus C

D'où . . . $2E = $ fus $A +$ fus $B +$ fus $C - \tfrac{1}{2}$ Surf. Sphère

Donc $\dfrac{2E}{\text{Surf Sph}} = \dfrac{\text{fus } A}{\text{Surf Sph}} + \dfrac{\text{fus } B}{\text{Surf Sph}} + \dfrac{\text{fus } C}{\text{Surf Sph}} - \dfrac{\tfrac{1}{2}\text{Surf Sphère}}{\text{Surf Sphère}}.$

Ou . . $\dfrac{2E}{\text{Surf Sp}} = \dfrac{A}{4\,Dr} + \dfrac{B}{4\,Dr} + \dfrac{C}{4\,Dr} - \dfrac{2\,Dr}{4\,Dr} . \ldots = \dfrac{(A+B+C)-2\,Dr}{4\,Dr}.$

D'où enfin . . . . . . $\dfrac{E}{\text{Surf Sph}} = \dfrac{\text{Excès sphérique}}{8\ Droits}$

333. _Corollaire._ Sur une même sphère, ou sur des sphères égales, deux triangles qui ont la même somme pour leurs angles sont égaux en surface.

Exercice. Sur une sphère d'un décimètre de rayon, on trace un triangle dans lequel la somme des angles est de 3 Droits. Quelle est la surface de ce triangle?

APPENDICE II.

NOTIONS DE TRIGONOMÉTRIE.

334. On appelle *Trigonométrie* la partie des sciences mathématiques qui a pour objet la *résolution des triangles.*

335. On considère six éléments dans un triangle, savoir trois côtés, a, b, c, et trois angles A, B, C. Trois de ces éléments étant donnés (pourvu que ce ne soient pas les trois angles), on peut trouver les éléments inconnus. Et c'est là ce qu'on appelle *résoudre un triangle.*

Voici les cas qui peuvent se présenter:

1.° On donne un côté et deux angles : a, B, C; ou bien a, A, B.

2.° On donne deux côtés et l'angle opposé à l'un d'eux: a, b, B.

3.° On donne deux côtés et l'angle compris : a, b, C.

4.° On donne les trois côtés : a, b, c.

(On peut remarquer que donner deux des angles, c'est les donner tous les trois....)

336. Un triangle peut être résolu par deux voies différentes : 1.° par des *constructions graphiques*; 2.° par le *calcul.* D'où

La *Trigonométrie graphique,*

et la *Trigonométrie algébrique* ou *Trigonométrie* proprement dite.

337. Pour *résoudre graphiquement* un triangle, on construit ce triangle (87) à une échelle quelconque, d'après les éléments connus, et on mesure les éléments inconnus.

On peut s'exercer à résoudre graphiquement les différents cas qui terminent ces notions.

338. On appelle *fonctions trigonométriques* d'un angle ou *de son arc,* des valeurs numériques diverses, par lesquelles cet angle entre dans les calculs. Les principales sont : le *Sinus* et le *Co-sinus*, la

tangente et la cotangente. Nous écrirons en abrégé Sin , Cos , Tg , Cot.

339. Un _angle aigu quelconque_ C peut toujours être formé par une droite BA perpendiculaire à l'un des côtés. Cet angle se trouve ainsi dans un _triangle rectangle_ BAC, dont on peut mesurer les côtés. Ici, on a en millimètres : $a = 26$, $b = 24$, $c = 10$.

On pose alors, par définition conventionnelle :

$$\begin{cases} \operatorname{Sin} C = \dfrac{c}{a} = \dfrac{10}{26} = 0{,}385 \\ \operatorname{Cos} C = \dfrac{b}{a} = \dfrac{24}{26} = 0{,}923 \end{cases} \qquad \begin{aligned} \operatorname{Tg} C &= \dfrac{c}{b} = \dfrac{10}{24} = 0{,}417 \\ \operatorname{Cot} C &= \dfrac{b}{c} = \dfrac{24}{10} = 2{,}400 \end{aligned}$$

340. Ainsi, dans un _triangle rectangle_ ,

Le _Sinus_ d'un angle aigu est le quotient du côté opposé par l'hypoténuse ;

Le _Co-sinus_ est le quotient du côté droit adjacent par l'hypoténuse ;

La _Tangente_ est le quotient du côté opposé par le côté droit adjacent ;

La _Cotangente_ est le quotient du côté droit adjacent par le côté opposé.

341. On voit que les Sinus et Cosinus, Tangentes et Cotangentes, sont des _quotients_, de simples _rapports_, des _nombres abstraits_......

342. Lorsqu'il s'agit d'un _angle obtus_, on prend les mêmes fonctions que pour l'angle aigu supplémentaire ; mais alors le _sinus_ seul est positif : les autres fonctions (co-sinus, tangente et cotangente) sont considérées comme négatives.

343. Dans la figure ci-dessus, on peut remarquer que l'angle B, qui est le _complément_ de C, se trouve comme lui dans un triangle rectangle ; il a donc, lui aussi, ses fonctions trigonométriques :

$$\begin{cases} \operatorname{Sin} B = \dfrac{b}{a} = \dfrac{24}{26} = 0{,}923 \\ \operatorname{Cos} B = \dfrac{c}{a} = \dfrac{10}{26} = 0{,}385 \end{cases} \qquad \begin{aligned} \operatorname{Tg} B &= \dfrac{b}{c} = \dfrac{24}{10} = 2{,}400 \\ \operatorname{Cot} B &= \dfrac{c}{b} = \dfrac{10}{24} = 0{,}417 \end{aligned}$$

Ainsi, les Co-sinus et cotangente d'un angle sont les Sinus et tangente de son complément.

344. Dans la figure ci-dessus, la perpendiculaire BA a été menée à une distance quelconque du sommet C. Si on change cette distance,

les côtés a, b, c, changeront; mais les rapports $\frac{c}{a}$, $\frac{b}{a}$, $\frac{c}{b}$, $\frac{b}{c}$, resteront les mêmes, tant que l'angle lui-même ne changera pas.

On comprend dès lors qu'il a été facile de former, de degré en degré, une Table des Fonctions trigonométriques (Voir ci-après).

345. Les Sinus, Cosinus, Tangente et Cotangente d'un angle, sont dits aussi les Sinus, Cosinus, Tangente et Cotangente de l'arc qui sert de mesure à cet angle.

346. Observations sur la Table des Fonctions trigonométriques.

Pour les angles de 0 à 45 degrés, on lit les titres du haut; et pour les angles de 45 à 90 degrés, on regarde les titres du bas.

347. La lecture de cette table n'offre aucune difficulté; on voit, par exemple:

Sin 20° = 0,342	Sin 70° = 0,940
Cos 20° = 0,940	Cos 70° = 0,342
Tg 20° = 0,364	Tg 70° = 2,747
Cot 20° = 2,747	Cot 70° = 0,364

Si l'angle a des degrés et des minutes, on tient compte des minutes pour modifier les valeurs tabulaires, par une petite proportion qui se fait ordinairement de tête.

Cette opération se nomme interpolation.

Soit à trouver tg 35°35'. D'un coup d'œil, on voit sur la Table qu'entre les tg de 35 et 36 degrés, la différence est de 27 millièmes. On dira donc:

$$\frac{60 \text{ minutes}}{\text{donnant } 27 \text{ millièmes}} = \frac{35 \text{ minutes}}{\text{à proportion}} \ldots \ldots \text{environ } 16 \text{ millièmes},$$

qu'on ajoutera à la tg de 35°; et on posera   Tg 35°35' = 0,716

(La Règle à Calcul est très-utile pour faire ces opérations.)

348. La Table des fonctions trigonométriques permet aussi de trouver à quel angle ou arc correspond une fonction donnée: Exemples:

1° Quel est l'angle qui a pour sinus 0,500? — Réponse: l'angle de 30°.

2° Quel est l'angle qui a pour tangente 0,515 ? — On voit que 0,515 tombe entre 0,510 et 0,532 ; différence 22 millièmes; et l'angle sera entre 27 et 28 degrés. Pour trouver les minutes on dira : $\dfrac{\text{22 millièmes de plus}}{\text{donnent 60 minutes}} \underset{}{=\!\!=} \dfrac{\text{5 millièmes}}{\text{à proportion}}$ .... environ 14 minutes .

Donc l'angle cherché a 27° 14' .

349. *Scolie*. Il est bon de remarquer qu'à mesure que l'angle aug — mente, le sinus et la tangente augmentent ; le cosinus et la cotan — gente diminuent . (Nous supposons que l'angle va de 0 à 90 degrés).

Théorème I .

350. Si l'on convient d'apprécier une corde en cherchant ce qu'elle est en égard au rayon , le sinus d'un arc est la moitié de la corde qui sou — tend un arc double : $\sin a = \frac{1}{2}\, \text{corde } 2a$

En effet, le sinus de l'arc a ou de l'angle A est $\dfrac{d}{r}$ (340) ; et la corde entière rapportée au rayon est $\dfrac{2d}{r}$ ....

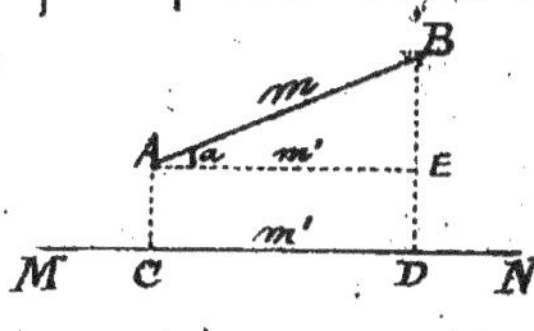

Application. Le rayon de la Terre est d'environ 6370 km ; la dis — tance des tropiques à l'équateur est de 23°28'. Quelle est l'épaisseur de la zone torride ?

C'est la corde qui soutend 46°56'.

Sin 23°28' 0,398

2 fois .... 0,796 (corde, si on avait r=1)

r .... 6370.

Produit .. 5060 km. ...... Réponse .

Théorème II .

351. La projection d'une droite sur un axe égale la longueur absolue de cette droite, multipliée par le co-sinus de l'angle qu'elle fait avec l'axe :
$$m' = m . \cos a .$$

En effet, $\cos a = \dfrac{m'}{m}$; ....

Donc .... $m' = m . \cos a$ ....

Application .

Soit ..... $m = 34^m$

et .... $a = 20°$

m 34

Cos 20° 0,940

Produit .. 32^m .... m'

Théorème III .

352. La surface d'un triangle égale la moitié du produit de deux côtés quelconques et du sinus de l'angle compris :
$$S = \tfrac{1}{2}\, ab . \sin C$$

En effet, $\sin C = \dfrac{h}{b}$; d'où $h = b.\sin C$.

D'ailleurs, $\operatorname{Surf} ABC = \frac{1}{2} ah = \frac{1}{2} ab \sin C$ ......

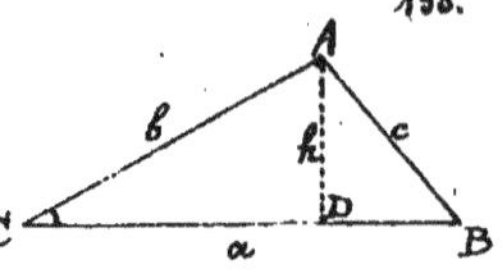

Application.

$$\text{Soit } \quad a = 30^m$$
$$b = 23^m$$
$$C = 21° 25'$$

$$\left\{ \begin{array}{l} \frac{1}{2} \dots \dots 0,500 \\ a \dots 30. \\ b \dots 23 \\ \sin C \dots 0,365 \\ \text{Produit. } 126^{m2} \quad \textit{Réponse.} \end{array} \right.$$

Théorème IV.

353. Dans un triangle rectangle :

1°. Un côté quelconque de l'angle droit égale l'hypoténuse multipliée par le sinus de l'angle opposé, ou par le cosinus de l'angle aigu adjacent.

2°. Un côté quelconque de l'angle droit égale l'autre côté multiplié par la tangente de l'angle opposé, ou par la cotangente de l'angle adjacent.

En effet, $\dfrac{c}{a} = \sin C$ ..... d'où $c = a.\sin C$

et .... $\dfrac{c}{a} = \cos B$ ..... d'où $c = a.\cos B$

D'autre part $\dfrac{c}{b} = \operatorname{tg} C$ ...... d'où $c = b.\operatorname{tg} C$

et .... $\dfrac{c}{b} = \cot B$ ..... d'où $c = b.\cot B$

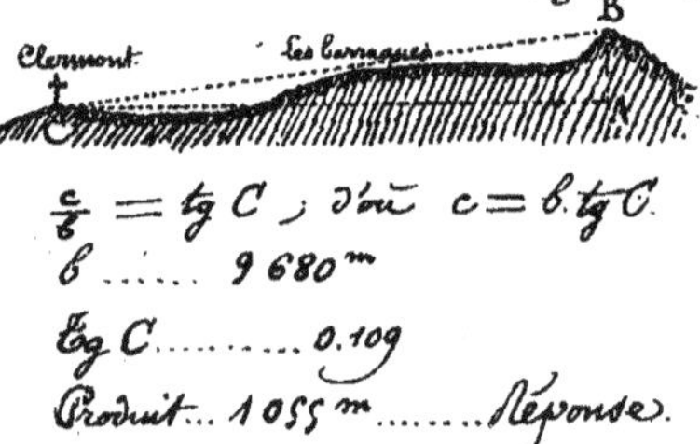

Application.

De la Place de la Poterne, à Clermont-F?, le Puy-de-Dôme est à 6°15' au-dessus de l'horizon. On demande la hauteur de cette montagne au-dessus de Clermont, la distance étant de 9 680 m.

$$\dfrac{c}{b} = \operatorname{tg} C \; ; \; \text{d'où} \quad c = b.\operatorname{tg} C.$$
$$b \dots \dots 9\,680^m$$
$$\operatorname{tg} C \dots \dots 0,109$$
$$\text{Produit} \dots 1\,055^m \dots \dots \textit{Réponse.}$$

Théorème V.

354. Dans un triangle quelconque, les sinus des angles sont entre eux comme les côtés opposés : $\dfrac{\sin A}{a} = \dfrac{\sin B}{b} = \dfrac{\sin C}{c}$.

En effet, d'après la définition même du sinus, on a :

$$\dfrac{\sin A}{\sin B} = \dfrac{h}{b} : \dfrac{h}{a} = \dfrac{h}{b} . \dfrac{a}{h} = \dfrac{a}{b}$$

Donc .... $\dfrac{\sin A}{a} = \dfrac{\sin B}{b}$ ....

On prouverait de même qu'on a :

$$\dfrac{\sin B}{b} = \dfrac{\sin C}{c} \quad \dots \dots$$

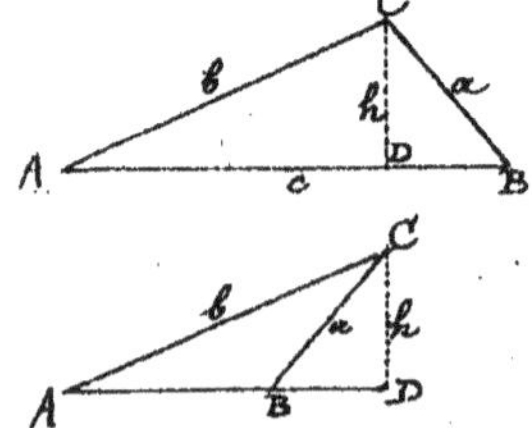

Vérification dans le premier triangle.

a....12^m	A....21°25'		$\dfrac{\sin A}{a} = \dfrac{0,365}{12}$	$= 0,030\,4$
b....23^m	B....44°15'		$\dfrac{\sin B}{b} = \dfrac{0,698}{23}$	$= 0,030\,4$
c....30^m	C....114°20'		$\dfrac{\sin C}{c} = \dfrac{0,911}{30}$	$= 0,030\,4$

Scolie. Ce théorème résout les triangles, lorsque parmi les trois choses données, il y a un côté avec l'angle opposé.

Théorème VI.

355. Dans tout triangle, le carré d'un côté quelconque ⎯⎯⎯ égale la somme des carrés des deux autres côtés, ⎯⎯⎯ moins deux fois le produit de ces deux côtés et du cosinus de l'angle qu'ils comprennent : $a^2 = b^2 + c^2 - 2bc.\cos A$.

1° Soit le cas où l'angle A est aigu.
On a : $\cos A = \dfrac{m}{c}$; d'où $m = c.\cos A$....
D'ailleurs on sait que $a^2 = b^2 + c^2 - 2bm$;
Donc.... $a^2 = b^2 + c^2 - 2bc.\cos A$......

2° Si l'angle A est obtus, nous dirons :
$\cos A = -\dfrac{m}{c}$; d'où $m = - c.\cos A$......
Or.... $a^2 = b^2 + c^2 + 2bm$; ....
Donc $a^2 = b^2 + c^2 - 2bc.\cos A$.....

Vérification	$\cos A$.... 0,931	b^2.... 529
pour les données du théorème	$2bc$... 1380	c^2..... 900
précédent.	Produit 1285	Somme 1429
a............ 12		$2bc.\cos A$ .1285
a^2........ 1444		Diff..... 144.

Scolie. Ce théorème peut servir à résoudre un triangle
1° Lorsqu'on connaît deux côtés et l'angle compris,
2° Lorsqu'on connaît les trois côtés.

Théorème VII.

356. Dans un triangle, la somme de deux côtés quelconques est à leur différence, comme la tangente de la demi-somme des angles opposés à ces côtés, est à la tangente de la demi-différence de ces mêmes angles : $\dfrac{a+b}{a-b} = \dfrac{\operatorname{tg}\frac{1}{2}(A+B)}{\operatorname{tg}\frac{1}{2}(A-B)}$

Soit le triangle ABC. Du point C, qui réunit les deux côtés a et b, et avec un rayon égal au plus petit de ces deux côtés, décrivons une circonférence. Prolongeons BC jusqu'en E; menons GA; puis BH parallèle à GA, et enfin EAH.

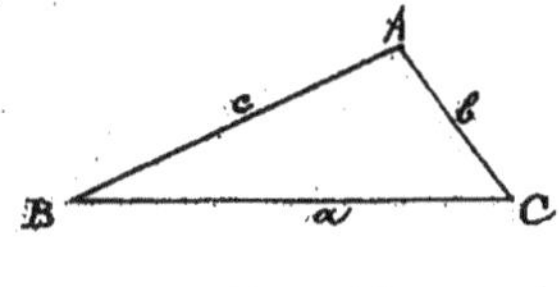

On a : $\begin{cases} s = g = \frac{1}{2}\sigma = \frac{1}{2}(A+B) \cdots\cdots\cdots \frac{1}{2}(A+B) \\ \partial = s - B = \frac{1}{2}A + \frac{1}{2}B - B = \frac{1}{2}A - \frac{1}{2}B = \frac{1}{2}(A-B) \end{cases}$

On a aussi : $\dfrac{BE}{BG} = \dfrac{EH}{AH} = \dfrac{\overline{EH:BH}}{\overline{AH:BH}}$.

Ou $\cdots\cdots \dfrac{a+b}{a-b} = \cdots\cdots \dfrac{tg\,s}{tg\,\partial} = \dfrac{tg\,\frac{1}{2}(A+B)}{tg\,\frac{1}{2}(A-B)} \cdots\cdots$

Scolie. Ce théorème peut servir lorsqu'on connaît deux côtés, et l'angle compris.

357. Voici des _exemples de calculs_ pour les différents cas que présente la _résolution des triangles_.

Toutes les opérations ci-après sont exécutées à trois chiffres, à l'aide de la _Règle de Gunter._

$B + C \cdots\cdots\ 65°45'$

$\qquad\qquad\ 179°\,60'$

Différence $114°\,15' \cdots\cdots\cdots A.$

1ᵉʳ Exemple.

Données $\begin{cases} a \cdots\cdots 302^m 50 \\ B \cdots\cdots 21°\,25' \\ C \cdots\cdots 44°\,20' \end{cases}$

$\dfrac{Sin\,A}{a} = \dfrac{Sin\,B}{b\cdots} = \dfrac{Sin\,C}{c\cdots}$

$\dfrac{0.912}{302,50} = \dfrac{0.366}{b} = \dfrac{0.699}{c}$

$\qquad\qquad\quad 121^m \qquad 232^m$

2ᵉ Exemple.

Données $\begin{cases} a \cdots\cdots 302^m 50 \\ b \cdots\cdots 121^m 15 \\ B \cdots\cdots 21°\,25' \end{cases}$

(A doit être obtus).

$A \cdots\cdots\cdots 114°\,15'$

$B \cdots\cdots\cdots 21°\,25'$

Somme $\cdots 185°\,40'$

$\qquad\qquad\ 179°\,60'$

Différence $\cdots 44°\,20' \cdots\cdots\cdots C$

$\dfrac{b}{Sin\,B} = \dfrac{a}{Sin\,A}$

$\dfrac{121^m 15}{0.365} = \dfrac{302^m 50}{Sin\,A} \cdots 0.912 \cdots 65°45'$

$\qquad\qquad\qquad\qquad\quad 179°\,60'$

Différence $\cdots 114°\,15' \cdots A.$

$\dfrac{Sin\,B}{b} = \dfrac{Sin\,C}{c\cdots}$

$\dfrac{0.365}{121,15} = \dfrac{0.699}{c} \cdots 232^m \cdots c$

3.ᵉ Exemple.

Données $\begin{cases} a \dots 302^m 50 \\ b \dots 121^m 15 \\ C \dots 44° 20' \end{cases}$

$c^2 = a^2 + b^2 - 2ab.\cos C$

$\cos C \dots 0,715$

$2ab \dots 73\ 400$

Produit $52\ 500 \dots 2ab.\cos C$

$a^2 \dots 91\ 500$

$b^2 \dots 14\ 700$

Somme $\dots 106\ 200 \dots a^2 + b^2$

$2ab.\cos C \dots 52\ 500$

Différence $\dots 53\ 700$

$\sqrt{} \dots 232^m \dots c$

$\dfrac{c}{\sin C} = \dfrac{b}{\sin B} = \dfrac{a}{\sin A}$

$\dfrac{232}{0,699} = \dfrac{121,15}{\sin B} = \dfrac{302,50}{\sin A}$

$\qquad\qquad 0,365 \qquad 0,912$

$\qquad\qquad 21°25' \qquad 65°45' \quad *$

$\qquad\qquad B \qquad\quad 179°60'$

Différence $114°15' \dots A$

$B \dots 21°25'$

$C \dots 44°20'$

(Contrôle) $\dots 180°00'$

Même exemple par une autre Formule.

$$\dfrac{a+b}{a-b} = \dfrac{tg\ \frac{1}{2}(A+B)}{tg\ \frac{1}{2}(A-B)}$$

$a \dots 302^m 50$	$179°60'$
$b \dots 121^m 15$	$C \dots 44°20'$
$a+b \dots 423,65$	Diff. $135°40'$
$a-b \dots 181,35$	La $\frac{1}{2} \dots 67°50' \dots \frac{1}{2}(A+B)$

Traduction de la proportion ci-dessus

$\dfrac{423,65}{181,35} = \dfrac{2,455}{tg\ \frac{1}{2}(A-B)} \dots 1,051$

D'où $\frac{1}{2}(A-B) \dots 46°25'$

$\frac{1}{2}(A+B) \dots 67°50'$

Somme $\dots 114°15' \dots A$

Différence $\dots 21°25' \dots B$

$C \dots 44°20'$

(Contrôle) $\dots 180°00'$

$\dfrac{\sin B}{b} = \dfrac{\sin C}{c}$

$\dfrac{0,365}{121,15} = \dfrac{0,699}{c}$

$\qquad\qquad 232^m \dots c$

4.ᵉ Exemple.

Données $\begin{cases} a \dots 302^m 50 \\ b \dots 121^m 15 \\ c \dots 231^m 86 \end{cases}$

Nous chercherons d'abord l'angle moyen C $**$

$c^2 = a^2 + b^2 - 2ab.\cos C$

D'où $2ab.\cos C = a^2 + b^2 - c^2$

$a^2 \dots 91\ 500$

$b^2 \dots 14\ 700$

Somme $\dots 106\ 200 \dots a^2 + b^2$

$a^2 + b^2 \dots 106\ 200$

$c^2 \dots 53\ 800$

Différence $\dots 52\ 400$

$2ab \dots 73\ 400$

Quotient $(\cos C) \dots 0,715 \dots 44°20' \dots C$

$\dfrac{c}{\sin C} = \dfrac{b}{\sin B}$

$\dfrac{231,86}{0,699} = \dfrac{121,15}{\sin B} \dots 0,365 \dots 21°25' \dots B$

$C+B \dots 65°45'$

$\qquad\qquad 179°60'$

Différence $\dots 114°15' \dots A$

$*$ a étant le plus grand des trois côtés, A doit être le plus grand des trois angles ; avant d'accepter $65°45'$ qui résulte des calculs, je remarque que les trois angles ne feraient ensemble qu'environ 130 degrés ; j'en conclus que c'est le supplément de $65°45'$ qu'il faut prendre pour A.

$**$ Parce qu'il est bon d'éviter l'emploi des Sinus pour des angles voisins de l'angle droit, et celui des cosinus, pour des angles voisins de 0 ou de 180 degrés.

TABLE
des fonctions trigonométriques.

Angles	Sinus	Tangentes	Cotangentes	Co-sinus	
0°	0. 000	0. 000	∞ Infinie	1. 000	90°
1	0. 017	0. 017	57. 290	1. 000	89
2	0. 035	0. 035	28. 636	0. 999	88
3	0. 052	0. 052	19. 081	0. 999	87
4	0. 070	0. 070	14. 301	0. 998	86
5	0. 087	0. 087	11. 430	0. 996	85
6	0. 105	0. 105	9. 514	0. 995	84
7	0. 122	0. 123	8. 144	0. 993	83
8	0. 139	0. 141	7. 115	0. 990	82
9	0. 156	0. 158	6. 314	0. 988	81
10°	0. 174	0. 176	5. 671	0. 985	80°
11	0. 191	0. 194	5. 145	0. 982	79
12	0. 208	0. 213	4. 705	0. 978	78
13	0. 225	0. 231	4. 331	0. 974	77
14	0. 242	0. 249	4. 011	0. 970	76
15	0. 259	0. 268	3. 732	0. 966	75
16	0. 276	0. 287	3. 487	0. 961	74
17	0. 292	0. 306	3. 271	0. 956	73
18	0. 309	0. 325	3. 078	0. 951	72
19	0. 326	0. 344	2. 904	0. 946	71
20°	0. 342	0. 364	2. 747	0. 940	70°
21	0. 358	0. 384	2. 605	0. 934	69
22	0. 375	0. 404	2. 475	0. 927	68
23	0. 391	0. 424	2. 356	0. 921	67
24	0. 407	0. 445	2. 246	0. 914	66
25	0. 423	0. 466	2. 145	0. 906	65
26	0. 438	0. 488	2. 050	0. 899	64
27	0. 454	0. 510	1. 963	0. 891	63
28	0. 469	0. 532	1. 881	0. 883	62
29	0. 485	0. 554	1. 804	0. 875	61
30°	0. 500	0. 577	1. 732	0. 866	60°
31	0. 515	0. 601	1. 664	0. 857	59
32	0. 530	0. 625	1. 600	0. 848	58
33	0. 545	0. 649	1. 540	0. 839	57
34	0. 559	0. 675	1. 483	0. 829	56
35	0. 574	0. 700	1. 428	0. 819	55
36	0. 588	0. 727	1. 376	0. 809	54
37	0. 602	0. 754	1. 327	0. 799	53
38	0. 616	0. 781	1. 280	0. 788	52
39	0. 629	0. 810	1. 235	0. 777	51
40°	0. 643	0. 839	1. 192	0. 766	50°
41	0. 656	0. 869	1. 150	0. 755	49
42	0. 669	0. 900	1. 111	0. 743	48
43	0. 682	0. 933	1. 072	0. 731	47
44	0. 695	0. 966	1. 036	0. 719	46
45°	0. 707	1. 000	1. 000	0. 707	45°
	Co-sinus	Cotangentes	Tangentes	Sinus	Angles

TABLE

Autographié par F.R.A., 1863.   Clermont-Ferrand.   Imprimerie O. Hubler.

www.ingramcontent.com/pod-product-compliance
Lightning Source LLC
LaVergne TN
LVHW012252170726
843503LV00002B/518